入門者のPython

プログラムを作りながら基本を学ぶ

立山秀利　著

必ずお読みください

本書は、以下の環境を用いて内容を執筆しています。

・Windows 8.1、10　　　　・Python 3.6 version
・Anaconda 5.2 for Windows・Spyder 3.2.8

上記以外の環境でご利用の場合、本書の解説どおりに操作を行えない可能性があります。あらかじめご了承ください。

本書に掲載されている情報は、2018年8月時点のものです。実際にご利用になる際には変更されている場合があります。

本書は、パソコンやインターネットの一般的な操作をひと通りできる方を対象にしているため、基本操作などは解説しておりません。コンピュータという機器の性格上、本書はコンピュータ環境の安全性を保証するものではありません。著者ならびに講談社は、本書で紹介する内容の運用結果に関していっさいの責任を負いません。**本書の内容をご利用になる際は、すべて自己責任の原則で行ってください。**

著者ならびに講談社は、**本書に掲載されていない内容についてのご質問にはお答えできません。また、お電話によるご質問にはお答えしません。あらかじめご了承ください。**

◆本書のサポートページについて

http://tatehide.com/bbpython.html

（小文字の「l」を数字の「1」と入力されませんようご注意ください）

サポートページでは、以下を行っています。

・本書で使用する作例1～3の関連ファイル一式の配布
・付録PDFの配布
・関連するウェブページへのリンクの掲載
・将来的なWindowsやPythonのライブラリ、Anaconda、Spyderの更新にともなう、本書で解説する操作手順への影響や対応策の紹介（初版刊行時の2018年9月から3年経過後、その他やむを得ない事情が生じた際には終了させていただくことがございます）
・正誤表の掲載

サポートページがメンテナンス中で表示されない場合の対処法は、以下で発信いたします（https://twitter.com/bluebacks_pub）。

●カバー装幀／芦澤泰偉・児崎雅淑
●カバーイラスト／宮野耕治
●目次・本文デザイン／FIKA GRAPHICS　島浩二

はじめに

最先端分野の主流言語であるPythonを学ぼう

最先端分野のAI（Artificial Intelligence：人工知能）は、自動運転など幅広い分野での活用で非常に注目されています。また、マーケティングなどにおいて、膨大なデータから傾向を導き出す統計分析も脚光をあびています。それら最先端分野のソフトウェア開発で主流となっているプログラミング言語がPython（パイソン）です。

Pythonは科学技術計算に強いといった特長があり、最先端分野で必要とされる高度なプログラムを効率よく作成できます。文法がシンプルでわかりやすく、他言語に比べてすんなり習得しやすいことから、プログラミングの入門者にも人気が高い言語です。

Pythonの用途は今後もさらに広がり、需要はますます高まるでしょう。これまでプログラミングに無縁だった方や小中学生が、Pythonでプログラミングを学び始めるのが当たり前になりつつあります。本書では、そのPythonの使い方を、プログラミング経験のない入門者でも理解できるよう、丁寧に解説します。

ゼロからどうやって学ぶのか

プログラミング言語の学習には、いくつかハードルがあります。ハードルを越えていくために重要なのは、一気にいくつも学ぶのではなく、一歩一歩確実に学んでいくことです。本書では、３つの作例を用い、その完成を目指して、ゼロから少しずつプログラムを書いては、そのつど動作確認するパターンを繰り返し、段階的に作り上げていく方法で解説します。

３つの作例の概要は次のとおりです。AIの開発など、高度な先端分野のプログラミングではありませんが、みなさんが普段パソコンで行う作業の自動化に直結するものなので、すぐに利用できるものばかりです。関数、変数、条件分岐、繰り返しといったプログラミングの基礎をしっかり学びながら、高度で複雑なことを簡単に実現できるPythonの醍醐味（だいごみ）も体験できる作例となっています。

▼作例１

デジカメなどで撮影した写真の画像ファイルを自動整理するプログラムです。指定したフォルダー内にある複数の画像ファイルについて、撮影日ごとにフォルダーを自動で作成し、移動します。こうしたプログラムによって、手作業でのファイル整理に費やしていた膨大な時間と手間をゼロにできます。

▼作例２

Webページに表示されるデータを取得し、保存する「スクレイピング」のプログラムです。インターネットに公開された情報の収集に日々追われている人は少なくないでしょう。その作業を自動化するプログラムの基本を学べます。

▼作例３

作例２で取得・保存したデータを分析するプログラムです。標準偏差などの統計分析を行ったり、散布図を作成したりします。

入門者に最適な方法で学べる

ある機能を実現するプログラムの書き方は何とおりかあります。本書では、プログラミング未経験の入門者にとってわかりやすい書き方で解説していきます。その書き方で作例を完成させたあと、プログラムのメンテナンス面などを考慮した書き方に変更していきます。入門者にとってわかりやすい書き方で進めていくので、着々と理解していけるのです。解説手順のとおりにプログラミングするだけで、プログラムが正しく動くことを楽しみながら、自然とPythonのプログラミングに馴染んでいけるでしょう。

Pythonは用途が広い分、入門者の方はどこから学習を始めればよいのかわかりにくいものです。本書では、３つの作例をそれぞれゼロから作り上げていきますから、それがたとえ解説手順どおりにやっただけでも、「自力でプログラミング」をすることになります。

入門者のみなさんには、まず本書をとおして、Pythonのプログラムを作り上げる体験をしていただきたいと思います。そして「プログラミングってこういうことか！」「なんだ、やってみたら自分にもできるじゃないか」と思っていただけることを願っています。

もくじ

11章 PythonでWebページ上のデータをスクレイピングしてみよう

(付録1～3は、2ページに紹介のある本書サポートページからPDFファイルでダウンロードいただけます。電子版では、巻末に掲載しています)

1章 Pythonとは

1.1 多彩な分野で重宝されるPython

非常に注目度の高い先端分野であるAI（Artificial Intelligence：人工知能）。毎日のようにその話題を見聞きすることでしょう。マーケティングの分野では、過去の膨大なデータから傾向を導き出して販売戦略などに役立てる統計分析のニーズが高まっています。これらの分野で活躍するプログラミング言語がPython（パイソン）です。一方、プログラミングに初めて挑戦する人の中には、Pythonを勧められた人も多いことでしょう。

このように、Pythonはもっとも人気が高いプログラミング言語（以下、「言語」）と言えるでしょう。これから本書でPythonを学んでいくにあたり、主にどのような用途に使われているのか、なぜ人気なのかを解説します。

AIなどの先端分野で活躍するPython

Pythonは以前、Googleの一部のサービスなどで用いられてきました。もともと科学技術計算への強さを備えていたのですが、そのような計算処理が必要とされるAIや統計分析のニーズが高まるとともに、Pythonの注目度も高まり、日本でもユーザーが急増しています。

注目されている理由は何と言っても、最先端の分野であるAIで、開発の主要言語となっているからです。AIはご存じのとおり、自動運転をはじめあらゆる用途での利活用が期待されている技術であり、これから大きく伸びていく分野です。

特にAIの主流となっている手法「機械学習」や「ディープラーニング」のプログラムは、必要とされる数値計算との親和性の高さなどから、ほとんどがPythonで書かれます。大学や研究機関、Googleをはじめ世界中の名だたるIT企業など、AI開発の最前線でPythonが日々用いられています。

PythonはAIや統計分析に加え、セキュリティ、IoT（Internet of Things：あらゆるモノがインターネットにつながる仕組み）、Webアプリケーションなど、幅広い分野で重用されています。加えて、個人の仕事においても、ファイルの整理やインターネットからの情報収集など、日々繰り返し行うようなちょっとした作業の自動化も、Pythonならお手の物です。

なぜPythonが人気なのか

Pythonの人気が高い理由は、人工知能や統計分析に代表される専門性の高い分野において、それぞれの専門家が、少ない負担で必要とするプログラムを作れる点です。

同時に、プログラミングの専門知識がない初心者にとっての使いこなしやすさも兼ね備えています。多くのプログラミング言語では、使いこなせるようになるまでに学ばなければならない要素が多く、膨大な時間と労力を要します。Pythonは、その使いこなしやすいという特長によって、時間と労力を少なく済ますことができます。

具体的な特長は以下の2点に集約されます。

① プログラムが書きやすい
② プログラムが読みやすい

①と②をもう少し詳しく説明します。

① Pythonは他の言語に比べて、文法がシンプルでわかりやすいため、初心者でも比較的すんなりと習得できます。そして、シンプルな文法ゆえ、プログラムを簡単かつ効率よく書けます。たとえば同じ機能のプログラムを作る場合、Pythonなら他の言語に比べて、より少ない記述量で平易に書くことができます。
「ライブラリ」が豊富な点も、プログラムの書きやすさの大きな要因です。ライブラリとは、汎用的な機能単位の小さなプログラムの集まりです（次ページの図1-1-1）。ライブラリを用いると、高度で複雑な機能でも、ほんの1～2行のコードで書けてしまいます。

② プログラミングでは、書きやすさとともに、書いたプ

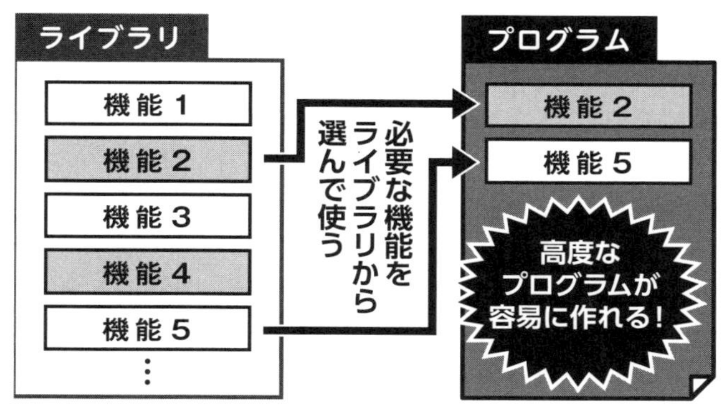

図1-1-1　ライブラリの概念図

ログラムの読みやすさも重要です。一度完成したプログラムでも、あとから機能を追加・変更することは多々あります。その際、プログラムが読みやすければ、追加・変更作業をより効率よく行えるでしょう。ましてや、追加・変更をプログラムを書いた本人ではなく、別の人が行う場合、読みやすさはより重要になります。

プログラムが読みやすくなる大きな要因が、インデント（字下げ）です。処理の区切りをインデントで示す文法になっています（6章であらためて解説します）。そのおかげで、誰が書いても似たような体裁のプログラムとなり、読みやすくなります。

Pythonはこういった「書きやすさ」と「読みやすさ」によって、専門知識がなくとも目的のプログラムを作りやすくなっています。それでいて、人工知能や統計分析など、さまざまな分野の専門家が高度な処理を行うプログラムも容易に組めます。

みなさんもPythonを習得し、実現したいことをプログラミングできるようになることを目指しましょう。

1.2 本書の学習に用いる作例紹介

本書では3つの作例の作成を通じて、Pythonを学んでいきます。前節で例にあげたファイル整理や、インターネットからの情報収集を自動化するプログラム、および簡単な統計分析を自動で行うプログラムです。

3つの作例をゼロから作ることで、基本的なプログラムの書き方、Pythonの強みであるライブラリを活用した処理の書き方をはじめ、入門者が学ぶべき要素をひととおり身に付けられます。人工知能や本格的な統計分析といった高度なプログラムではありませんが、将来そういったジャンルにチャレンジできる知識や経験を得られる作例です。

20ページから、3つの作例の概要を紹介します。

作例を作りながらPythonを学ぶ意義

プログラミングとは、コンピューターに実行させたい処理を“命令文”として書くことです。そのために使う言葉がプログラミング言語です。Pythonに限らずどのプログラミング言語でも、プログラムを作れるようになるには、目的の処理はどのような命令文を書けばよいのか、書く際にはどのような文法・ルールに従わなければならないのか、などを学ぶ必要があります。

Pythonの学び方にはいくつかあります。一般的には、すべての命令文および文法・ルールをひとつずつ、まんべんなく順に学んでいく方法をよく目にします。しかし、この方法は、初心者にはプログラミングの要点が把握しづらく、かつ、書いたプログラムが実際に動く楽しさを味わいづらいため、学習が長続きしないでしょう。

本書で採用しているのは、作例を作りながら学んでいく方法です。すべての文法やルールは網羅していませんが、ひとつのプログラムをゼロから作り上げる中で、入門者が最低限マスターしておくとよい文法やルールをしっかり学べます。

そして、プログラム全体ができあがる満足感とともに、プログラミング作業の全体像を体感できます。この体感をとおして、Pythonに慣れることができ、学習の進め方もつかめます。その段階に到達すると、本書で紹介する以外の文法やルールも学びやすくなるでしょう。

本書では、３つの作例を作っていただきます。仕事でありがちな作業を想定した作例です。Pythonの基礎をひととおり学べるのはもちろん、プログラム自体はシンプルでわかりやすいにもかかわらず、「高度で複雑なことが簡単にできてしまう」や「幅広い用途で使える」というPythonの醍醐味（だいごみ）を味わえるため、初心者の教材に最適な作例となっています。

まずは３つの作例の概要を紹介し、続けて、各作例でどのようなことが学べるのかを説明します。

３つの作例の概要

３つの作例はいずれも、ある架空の調査の業務で利用するプログラムです。調査は、調査する現地の写真を撮り、かつ、現地の大気成分などのデータをインターネットから収集して分析すると仮定します。データはすべて架空のものとします。

なお、それらはPython学習のわかりやすさを優先するため、実情にそぐわないデータやシチュエーションが一部あります。みなさんが、何らかの調査や研究を行う際、作例のプログラムをそのまま実用いただくことを目的としていません。その点をあらかじめご了承ください。

▼作例１：画像ファイルの自動整理

スマートフォンやデジカメで撮影した写真の画像ファイルを自動で整理するプログラムです。指定したフォルダー内にある複数の画像ファイルについて、撮影日ごとにフォルダーを作成し、移動するという整理をすべて自動で行います（次ページの図1-2-1）。

このような整理を手作業で行うと、多くの時間と手間を要するのは言うまでもありません。Windows標準の機能（スマートフォンやデジカメをUSBで接続し、「画像とビデオの読み込み」を実行するなど）で行おうとすると、フォルダーは撮影した日付ではなく、読み込んだ日付になっ

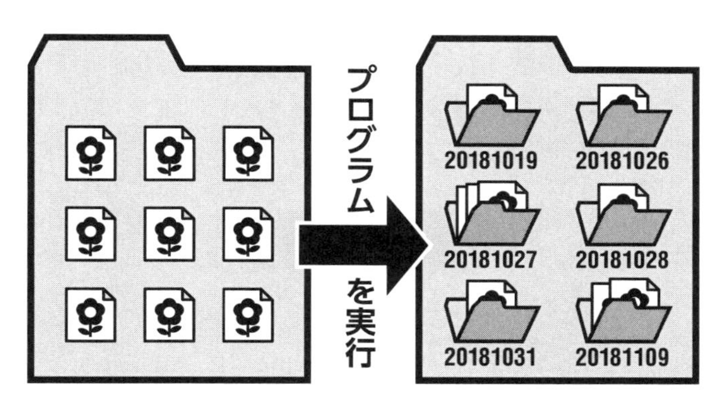

図1-2-1　作例1のプログラム
画像ファイルの撮影日ごとにフォルダーを作成し、移動する

てしまいます。撮影日によるフォルダー作成と画像ファイル移動を手作業で行うと、多くの時間と手間を要し、ミスも犯しがちです。そこで、Pythonで自動化してしまおうというわけです。

この作業を手動で行う大変さを確認しました。今度は、Pythonのプログラムで、同じ作業を行うとどうなるかを紹介します。本書ダウンロードファイル（入手先のURLは、2ページを参照）に含まれるサンプルの画像ファイルを用いて、動作例を紹介します。

整理前の画像ファイルは、次ページの図1-2-2のとおり、「photo」フォルダーの中に9つの画像ファイル「001.jpg」～「009.jpg」が入っています。各ファイルの更新日はフォルダーの「更新日時」欄の日付です。本作例では、画像ファイルの更新日を撮影日にして処理に用います。

PC › Windows (C:) › bbpy › photo

画像ファイルの更新日

名前	更新日時	撮影日時	種類
001.jpg	2018/10/19 10:20	2018/10/19 10:20	JPG ファイル
002.jpg	2018/10/26 17:53	2018/10/26 17:53	JPG ファイル
003.jpg	2018/10/27 11:52	2018/10/27 11:52	JPG ファイル
004.jpg	2018/10/27 11:58	2018/10/27 11:58	JPG ファイル
005.jpg	2018/10/27 12:01	2018/10/27 12:01	JPG ファイル
006.jpg	2018/10/28 14:39	2018/10/28 14:39	JPG ファイル
007.jpg	2018/10/31 13:06	2018/10/31 13:06	JPG ファイル
008.jpg	2018/10/31 13:31	2018/10/31 13:31	JPG ファイル
009.jpg	2018/11/09 10:30	2018/11/09 10:30	JPG ファイル

図1-2-2　９つの画像ファイルの更新日を撮影日にして処理する

フォルダーの名前は、画像ファイルの撮影日をもとに、「西暦年４桁、月２桁、日２桁」という形式で自動で設定することにします。月と日は１桁なら冒頭に0をつけるこ

更新日を撮影日と見なす

更新日は保存し直さない限り撮影日と等しいため、撮影日と見なして用います。厳密には画像ファイルのExif情報の撮影日を用いるべきですが、そうするとプログラムが初心者にはややわかりづらくなってしまいます。

そのため、本作例ではわかりやすさを優先し、更新日を撮影日として用いることにしています。Exif情報を用いたプログラムは、本書のサポートページ（URLは２ページ）で紹介します。

とにして、たとえば2018年8月19日なら「20180819」になります。

このように自動でフォルダー作成と画像ファイルの移動を行うプログラムを４章以降で作成していきます。

▼作例２：Webページに表示されるデータの自動取得

インターネットのWebページ上に公開されたデータを取得し、保存するプログラムです（図1-2-3）。一般的にWebページ上に公開されているデータは、統計分析などに用いることがあります。統計分析に必要な大量のデータを、定期的にWebページにアクセスするなどして取得し、パソコン上のファイルに蓄積するのです。

データを取得するPythonのプログラムは、アクセスし過ぎて他ユーザーが表示しづらくならないようにするな

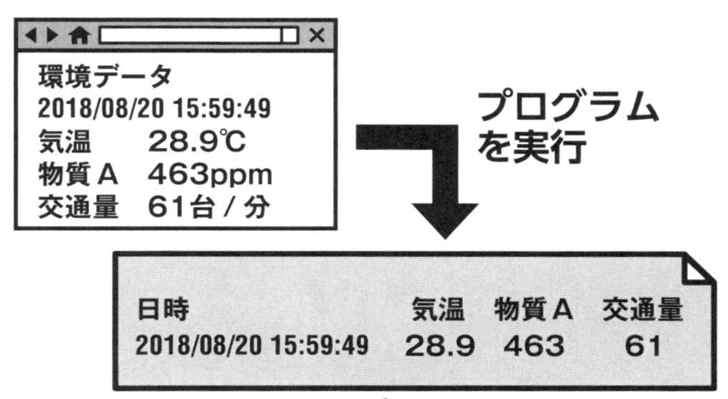

図1-2-3　作例２のプログラム
Webページ上に公開されたデータを取得し、保存する

ど、それぞれのWebページの事情を考慮して作成する必要があります。この作例でプログラムがアクセスするWebページは、そういった事情から、筆者が作例用に用意したものとします。

URLは「http://tatehide.com/bbdata.php」です。架空の環境関係のデータが公開されたWebページを想定しています。ブラウザーでWebページを表示すると、以下の架空のデータが掲載されていることがわかります（図1-2-4）。

前述した日時や気温などのデータは、刻一刻と変化するものです。そこで、作例で使うWebページでも、「気温」と「物質A」と「交通量」のデータは仮想的なリアルタイムデータとして、アクセスするたびにあらかじめ決めた範囲でランダムに変化するようになっています。

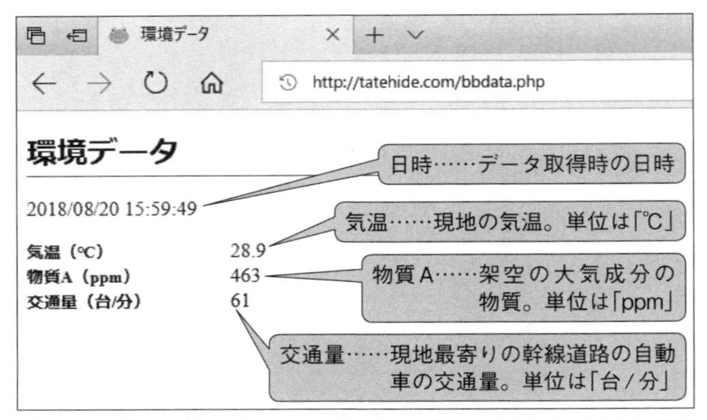

図1-2-4 「http://tatehide.com/bbdata.php」のWebページ上に掲載されるデータ

取得したデータの保存先は、CSVファイル「mydata.csv」とします。CSVファイルとは、データを「,」（カンマ）と改行で区切って格納する形式のテキストファイルです。詳細は**11.4節**であらためて解説します。なお、CSVファイルは、テキストエディタやExcelで開くことができます。

CSVファイル「mydata.csv」は本書ダウンロードファイルに用意したものを使うことにします。列見出しはWebページと揃え、「日時」、「気温」、「物質A」、「交通量」とし、あらかじめ入力してあります。Excelなどで開いた際、列見出しがあったほうがわかりやすくなるからです。初期状態の同CSVファイルをダブルクリックするなどしてExcelで開くと、列見出しのみが1行目に入力されていることがわかります（図1-2-5）。

作例2のプログラムを実行し、CSVファイル「mydata.csv」を再び開くと、このようにWebページのデータが取得・保存されたことが確認できます（次ページの図1-2-6）。

以降、プログラムを実行するたびに、上記のWebページにアクセスしてデータを取得し、そのデータが

	A	B	C	D	E	F	G	H
1	日時	気温	物質A	交通量				
2								
3								
4								

図1-2-5　CSVファイル「mydata.csv」には、列見出しのみ入力されている

	A	B	C	D	E	F	G	H
1	日時	気温	物質A	交通量				
2	2018/8/20 15:59	28.9	463	61				
3								
4								

図1-2-6　作例２のプログラムを実行すると、CSVファイル「mydata.csv」には、Webページのデータが取得・保存される

「mydata.csv」の下の行に追加されていきます。

なお、Webページのデータをプログラムで収集する行為は「スクレイピング」と呼ばれます。詳しくは11章で解説します。本書では以降、このスクレイピングという言葉を用いていきます。

ファイルに拡張子を表示させる

Windows 8.1と10のデフォルト設定では、ファイルの拡張子は表示されないようになっています。表示されるように設定を変更する手順は以下のとおりです。

①フォルダー（エクスプローラー）の［表示］タブをクリックする

②［表示/非表示］以下にある一覧から［ファイル名拡張子］にチェックを入れる

なお、本書では拡張子が表示されるように設定しています。

▼作例３：データの自動分析

作例２で取得したデータを自動で分析するプログラムです（図1-2-7）。CSVファイル「mydata.csv」に蓄積されたデータ「気温」と「物質A」「交通量」について、標準偏差などの分析をそれぞれ行い、その結果を表示します。

加えて、データ「気温」と「物質A」「交通量」について、相関係数を調べて表示し、かつ、「気温」と「物質A」の散布図を作成します（次ページの図1-2-8）。各データの分析内容、および分析結果や散布図の表示先、標準偏差や相関係数といった用語の概要については**12.1節**であらためて解説します。

３つの作例の機能について、それぞれ簡単に紹介しました。それぞれの作例の機能は、いくつもの細かな処理で成り立っています。４章以降、それらをゼロからプログラミングしながら、少しずつ作例を作成していきます。プログラミング初心者にとって、大変そうに見えるかもしれませんが、他のプログラミング言語に比べると、少ない分量のプログラムで３つの作例のような機能を作れるのが

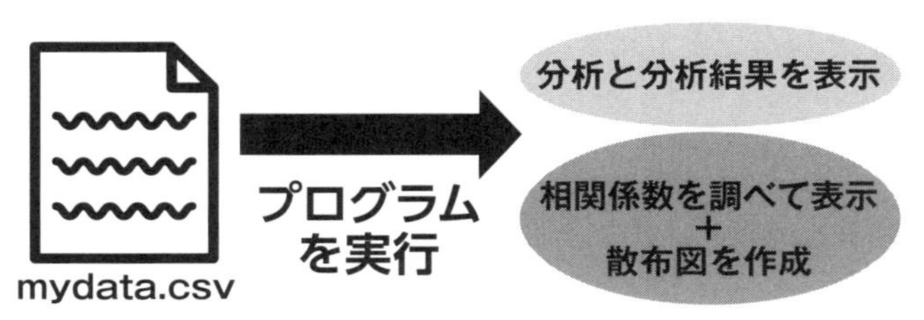

図1-2-7　作例３のプログラム
作例２で取得したデータを自動で分析する

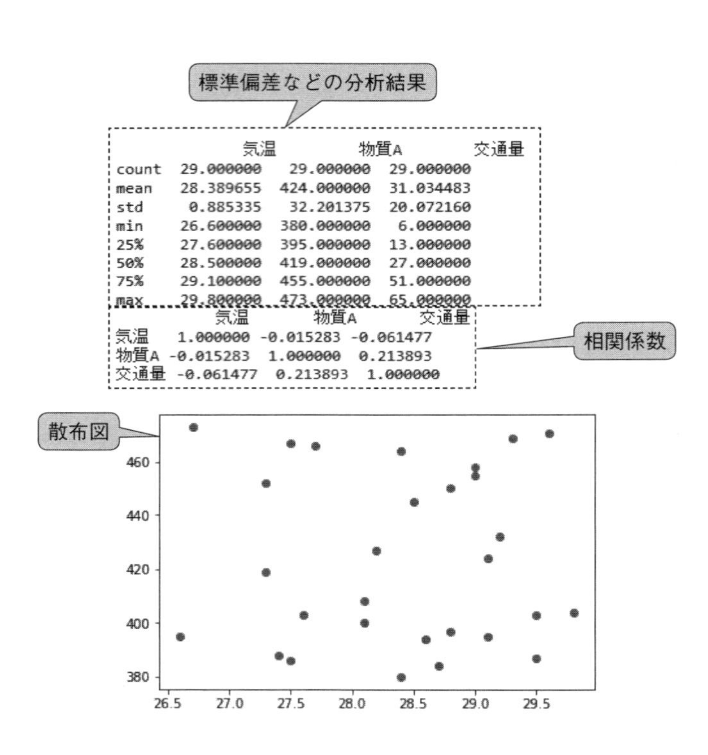

	気温	物質A	交通量
count	29.000000	29.000000	29.000000
mean	28.389655	424.000000	31.034483
std	0.885335	32.201375	20.072160
min	26.600000	380.000000	6.000000
25%	27.600000	395.000000	13.000000
50%	28.500000	419.000000	27.000000
75%	29.100000	455.000000	51.000000
max	29.800000	473.000000	65.000000

	気温	物質A	交通量
気温	1.000000	-0.015283	-0.061477
物質A	-0.015283	1.000000	0.213893
交通量	-0.061477	0.213893	1.000000

図1-2-8　「mydata.csv」に蓄積されたデータをもとに分析を行い、その結果を表示する

Python の魅力です。

各作例からPythonの何を学べるのか

本書の３つの作例からPython の何を主に学べるのかを説明します。実際に作例１のプログラミングを始めるのは４章からですが、学べる内容の全体像をここで先にイメー

ジしてもらいます。

▼作例１

Pythonの基礎が詰まっている作例です。初心者がPythonのプログラミングをできるようになるための必要最小限の内容が、本作例をひととおり作成することで学べます。

・Pythonを記述する場所と実行方法

Pythonのプログラムをどこに記述し、どのような形式で保存するのか、どのように実行するのか、といった初歩的ながら重要なことが学べます。

・命令文の書き方の基本

文字列の表示、フォルダーの作成、画像ファイルの移動など、目的の処理の命令文を書く方法を学べます。

・ライブラリの使い方

Pythonの特長のひとつであるライブラリの使い方の基本を学べます。作例２と３でもライブラリは随時活用します。

・データの扱い方

作例１のプログラムの処理の中では、文字列や数値といったデータを扱います。文字列の連結や数値の演算などの方法を学べます。さらに５章以降であらためて解説しますが、「変数」や「リスト」など、より複雑な処理を作ることができるデータの扱い方も学べます。

・処理の流れを制御する仕組み

たとえば、すでに同じ名前のフォルダーがあれば新たに作成しないなど、条件に応じて処理内容を使い分ける仕組みが学べます。加えて、指定した処理を繰り返す仕組みも学べます。それらの仕組みによって、より複雑な処理を作ることができます。

▼作例2

Pythonで Webページ上のデータを取得するための基本的な方法を学べる作例です。

・インターネットで通信する方法

取得したいデータが載っているWebページにアクセスする方法を学べます。

・Webページからデータを取得する方法

指定したWebページの指定した箇所にある文字列を取得する方法を学べます。

・CSVファイル操作の基礎

指定したCSVファイルを開き、Webページから取得したデータを書き込み、保存して閉じる方法を学べます。

▼作例３：データ分析の基礎

Pythonによるデータ分析、グラフ描画の基本的な方法を学べる作例です。

・データ分析の基礎

指定したデータについて、標準偏差や相関関係などの分析を行う方法を学べます。

・グラフを描画する方法

指定したデータを用いて、指定したスタイルのグラフを作成して描画する方法を学べます。

本書の３つの作例で学べるPythonの内容を展望すると、以上のようになります。次章では、Pythonのプログラミング学習を始めるための準備を行います。

2章

Pythonを学ぶ前の準備

2.1 Pythonのプログラミング環境を用意しよう

本節では、Pythonのプログラミング環境を用意します。Pythonのプログラミング環境はいくつかありますが、本書では「Anaconda（アナコンダ）」というプログラミング環境を利用することにします。

Anacondaについて

AnacondaはPythonのプログラミングに必要なツール類がひとまとめになったプログラミング環境*です。主に次のようなツール類が含まれています。

・Spyder（スパイダー）

Pythonのプログラムを記述し、実行するための統合開発環境（統合開発ソフトウェア）。実際のプログラミングはSpyder上で行う

・各種ライブラリ

*開発元は米国のAnaconda Inc.という企業で、無償でダウンロードでき、すべての機能を利用できます。

ファイル／フォルダー操作、インターネット通信、統計分析、データ分析、科学技術計算などの分野のライブラリ

Anacondaを使わなくても、Pythonのプログラミング環境を構築することは可能ですが、入門者には難易度や手間などの点から、Anacondaを強くオススメします。

Anacondaをインストールしよう

それでは、Anacondaを入手してインストールしましょう。以下では、Windows版のAnacondaをWindows 10へインストールする手順を紹介します。Windows 8.1でも、ほぼ同じ手順でインストールできます。

まずはAnacondaのインストーラーを入手します。Anacondaの公式Webサイトの Windows版のダウンロードページ（https://www.anaconda.com/download/#_windows）*をWebブラウザーで開きます。「Anaconda 5.2 For Windows Installer」にある「Python 3.6 version」の［Download］ボタンをクリックしてください（次ページの図2-1-1）。

その際、もしお使いのWindowsが32bit版の場合は、［Download］ボタンの下にある［32-Bit Graphical Installer］をクリックし、32bit版のインストーラーを入手してください。ご自分のWindowsが何bit版かを確認するには、［設定］→［システム］を開き、［バージョン情報］（Windows 8.1なら、コントロールパネルの［システムとセキュリティ］→［システム］を開き、「システムの種

*本書のサポートページ（2ページにて紹介）に、Anacondaのダウンロードページへのリンクがあります。

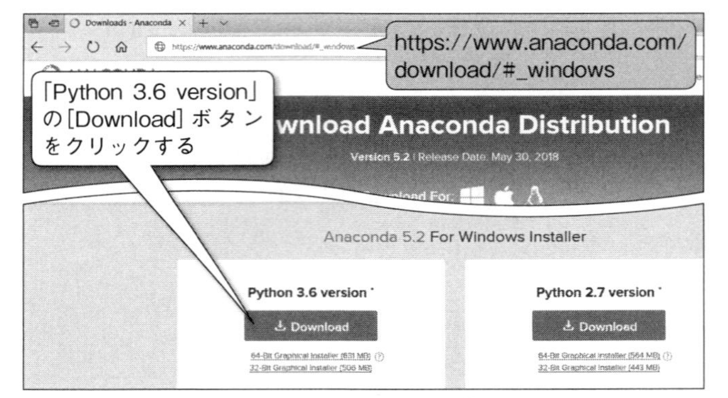

図2-1-1　「Python 3.6 version」の[Download]ボタンをクリックする

類」）をご覧ください。

もし、［Download］ボタンをクリックしたあと、「Thank You for Downloading Anaconda!」という画面が表示され、メールアドレスの入力を促された場合、何も入力せずに［No thanks］をクリックし、ダウンロードを続けてください。

誤って「Python 2.7 version」のほうをクリックしないよう注意してください。Pythonにはバージョンの違いによって、2.7系と3.X系の２種類があります。2.7系はかつて用いられたバージョンであり、今後基本的には3.X系が使われていきます。

［Download］ボタンをクリックしたら、画面の指示に従い、インストーラーをダウンロードして、任意の場所に保存します。

なお、「5.2」および「3.6」はバージョンの番号です。本

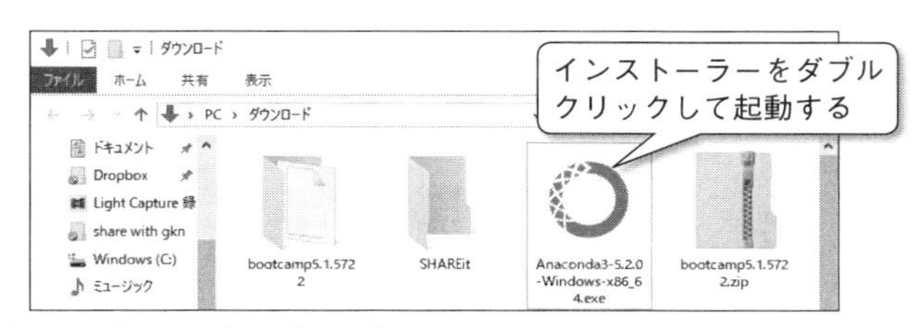

図2-1-2　Anacondaのインストーラー

書執筆時点では、Anacondaは「5.2」でPythonは「3.6」ですが、今後は新たなバージョンが登場していきます。基本的には、最新バージョンをダウンロードしてください。

また、AnacondaはmacOSやLinuxでも利用可能ですが、本書ではWindows 10および8.1のみを対象とさせていただきます。

インストーラーをダウンロートできたら、ダブルクリックして起動してください（図2-1-2）。もし、Windowsの「セキュリティの警告」画面が表示されたら、［実行］をクリックしてください。

すると、次ページの図2-1-3のようなインストーラーの画面が表示されるので、［Next］ボタンをクリックします。なお、ここで掲載している画面や手順は本書執筆時のものです。新しいバージョンでインストール時の画面や手順が大きく変更される場合、本書のサポートページ（2ページにURLを掲載）で追加情報を掲載する予定です。

次の画面では、［I Agree］をクリックしてください（次ページの図2-1-4）。

次の画面では、［Just Me］が選択された状態のまま、

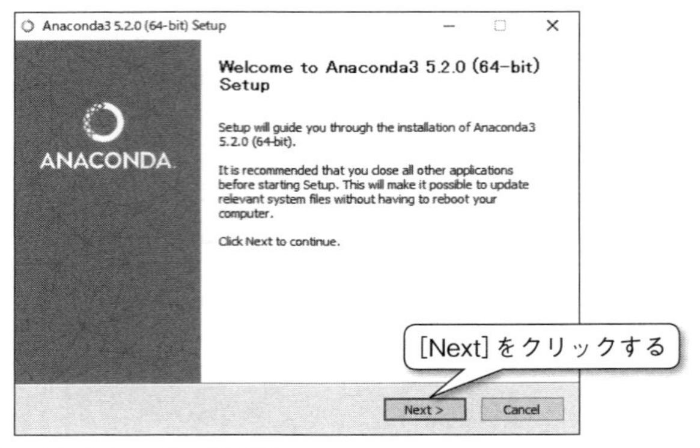

図2-1-3　インストーラーの画面

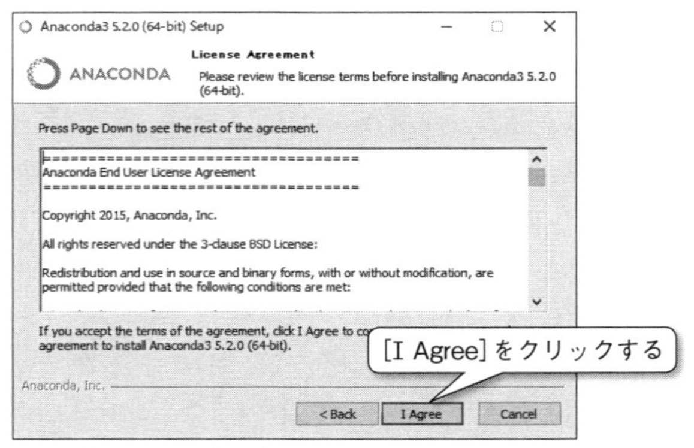

図2-1-4　許諾事項への同意を求める画面

[Next] をクリックしてください（次ページの図2-1-5）。

次の画面「Choose Install Location」では注意が必要です。Anacondaのインストール先のフォルダーを指定する画面です（次ページの図2-1-6）。

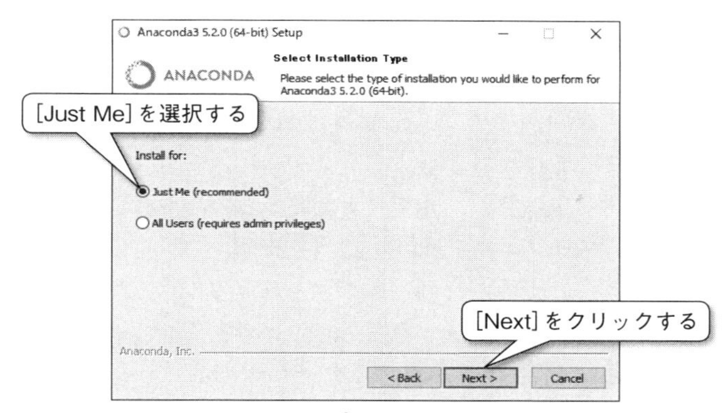

図2-1-5　インストールのタイプを選ぶ画面

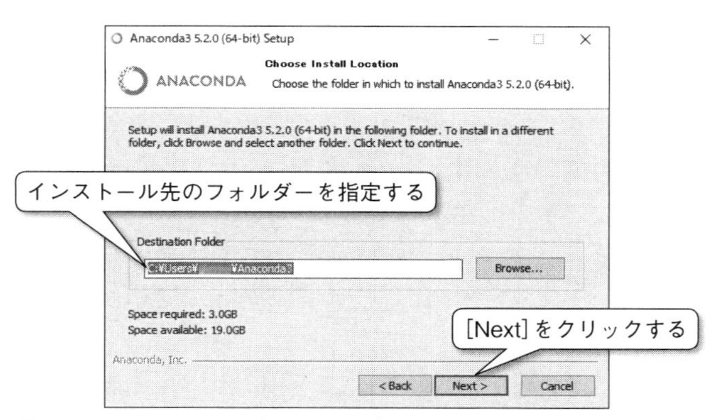

図2-1-6　インストール先のフォルダーを指定する画面

インストール先のフォルダーは自動で、Windowsのユーザーフォルダー（C:¥Users以下のフォルダー）の下にある「Anaconda3」フォルダー（インストール時に自動作成されます）に設定されます。

もし、ユーザーフォルダー名に漢字やひらがなやカタカナが含まれていると、正しくインストールできない恐れがあります。画面中央の「Destination Folder」の入力欄に自動で設定されるパス（フォルダーの場所を表す文字列）に、漢字やひらがなやカタカナが含まれていれば、そのようなユーザーフォルダー名が該当します。

その場合、いったん画面をデスクトップに切り替え、Cドライブ直下など、漢字やひらがなやカタカナが含まれていない場所に「Anaconda3」フォルダーを自分で新規作成しておいてください。そして、インストーラーに戻り、前ページの図2-1-6の画面で［Browse］ボタンをクリックし、自分で作成した「Anaconda3」フォルダーを指定してください。

［Next］をクリックすると、次の画面が表示されます。すべてのチェックボックスをオフにしたら、［Install］をクリックしてください（次ページの図2-1-7）。

すると、インストールが始まります（次ページの図2-1-8）。インストールにはしばらく時間がかかります。進捗状況が緑色のバーで表示されます。バーが止まっているように見えても、中央に白い光が表示されていれば実行中なので、そのまま待ってください。

インストールが終了すると、［Next］ボタンがクリック可能になるので、クリックしてください（40ページの図2-1-9）。

次の画面が表示されるので、［Skip］をクリックしてください（40ページの図2-1-10）。なお、この画面は別のプ

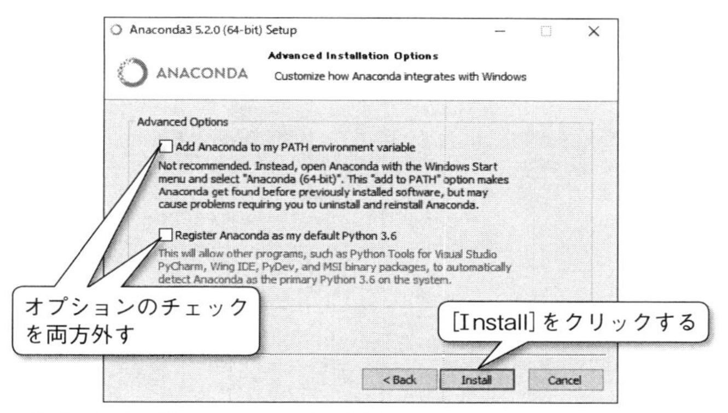

図2-1-7　オプションについての画面

Anaconda3 5.2.0 (64-bit) Setup
Installing
ANACONDA
Please wait while Anaconda3 5.2.0 (64-bit) is being installed.
Extract: python-3.6.5-h0c2934d_0.tar.bz2
Show details
Anaconda, Inc.
< Back　Next >　Cancel

図2-1-8　インストール中の画面

ログラミング環境の広告のようなものです。

インストールが終わると、次の画面が表示されます。2つのチェックボックス［Learn～］のチェックを外したあと、［Finish］ボタンをクリックして、インストーラーを

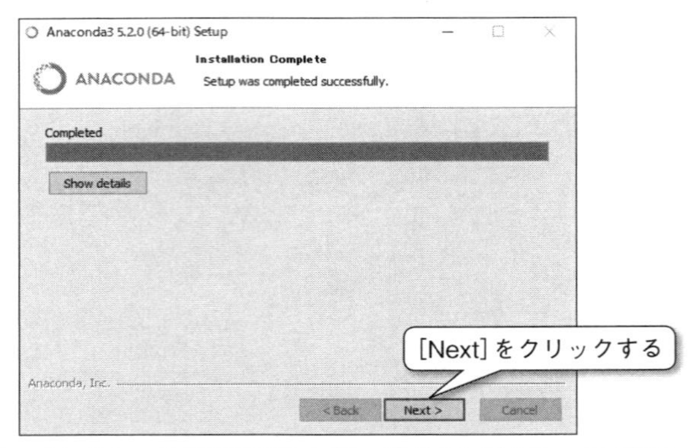

図2-1-9　インストールが終了すると[Next]ボタンがクリック可能になる

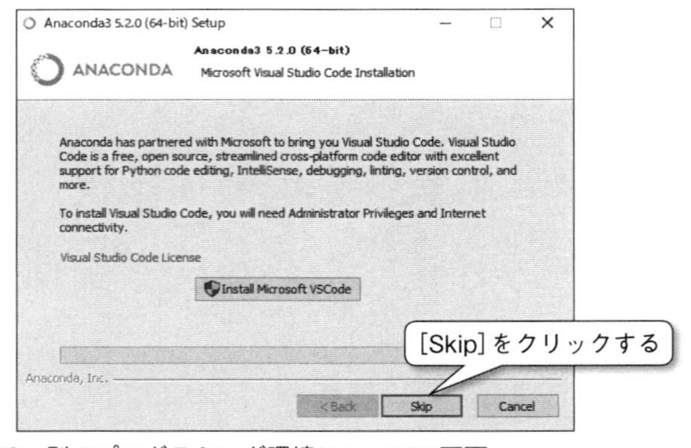

図2-1-10　別のプログラミング環境についての画面

閉じてください（次ページの図2-1-11）。

これでAnacondaのインストールが完了し、Pythonのプログラミング環境を用意できました。もし、ブラウザー

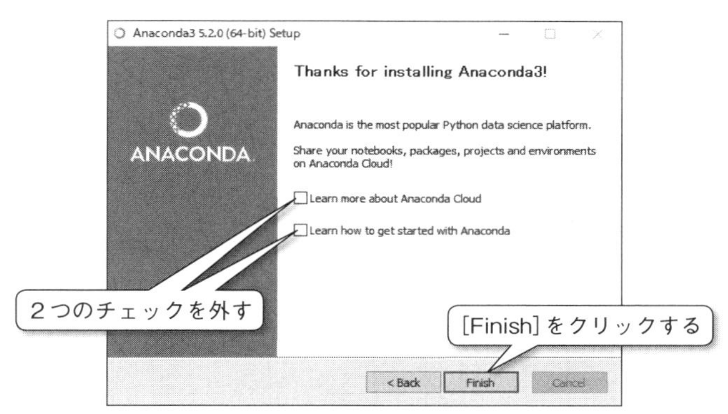

図2-1-11　インストール完了の画面

に「Anaconda Cloud」というページが自動で表示されたら、本書でのPythonの学習には関係ないので、そのまま閉じてください。

Anacondaが無事インストールできていれば、Windows 10なら［スタート］メニューのアプリ一覧に、Windows 8.1なら［スタート］→［アプリ］にAnacondaのアイコ

図2-1-12　インストールできていればメニューの一覧に表示される

ンが表示されます（前ページの図2-1-12）。「Choose Install Location」画面でユーザーフォルダー以外の場所にインストールした場合は、該当フォルダーを開き、Anacondaのファイル類があるか確認しておきましょう。

2.2 統合開発環境「Spyder」の起動方法と画面構成

本節では、Anacondaに含まれている統合開発環境「Spyder」を起動する方法と、Spyderの画面構成について解説します。

Spyderを起動する

Anacondaをインストールできたら、Spyderを起動しましょう。Windows 10なら、[スタート] メニューを開き、[Anaconda3] → [Spyder] をクリックしてください。

Windows 8.1なら [スタート] 画面から [アプリ] を開き、[Spyder] をクリックしてください。

クリックしたら、Spyderの起動を待ちます（図2-2-1）。初回起動時は2～3分かかる場合があります。また、最初の2分ほど何も表示されない状態が続くこともあるの

図2-2-1　Spyderが起動するまでに表示される画面

で、あせらず起動を待ちましょう。

Spyderが起動すると、図2-2-2のような画面が表示されます*。画面は大きく3つの領域に分かれます。重要なのは左半分の「エディタ」と右下の「IPython（アイパイソン）コンソール」です。

エディタとIPythonコンソールの役割

「エディタ」と「IPythonコンソール」の役割を簡単に紹介します。

▼エディタ（画面の左半分の領域）

Pythonのプログラムを記述する場所です。Spyderでは、Pythonのプログラムはファイルに記述していくことになっています。ファイル名は「エディタ」領域の中にタブとして表示されます。

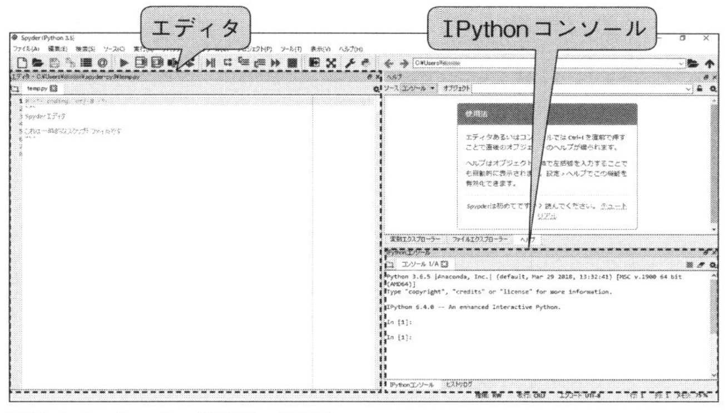

図2-2-2　Spyder起動後の画面

*「Spyderアップデート」の画面が表示される場合、閉じてください。
アップデートについては、本書のサポートページに紹介があります。

▼IPythonコンソール（画面の右下の領域）

記述したプログラムの実行結果が表示される領域です。実行結果の表示以外に、もう1つ役割があるのですが、それは**5.3節**で解説します。

右上の領域はプログラムに関するさまざまな情報などを表示する領域ですが、本書では利用しないため解説は割愛します。

以上がエディタとIPythonコンソールの役割です。

Spyderを初めて起動した直後、「エディタ」の領域には「temp.py」が開いていますが、本書では使わないので、タブの右端にある［×］をクリックして閉じておいてください。次章にて、新規ファイルを作成して、プログラムを記述していきます

「Jupyter Notebook」について

Anacondaには Spyderの他に、「Jupyter Notebook」というWebブラウザー上で動作する統合開発環境も含まれています。Spyderに比べて初心者にわかりづらい面が多いので、本書ではSpyderを使うことにします。Pythonに慣れてきたら、Jupyter Notebookを使ってみるのもよいでしょう。

3章 Pythonプログラミング はじめの一歩

3.1 Pythonのプログラミングの5つの原則

すべてのプログラミング言語には、押さえておくべき原則のようなものがあります。それぞれの言語でさまざまな原則がありますが、入門者レベルの方に、最初に押さえてもらいたいPythonの原則は5つあると筆者は考えています。そこで、本節ではそれらの原則を紹介し、原則を実際に確認してもらえるようにSpyderで簡単なコードを記述してみます（1章で紹介した本書の作例の作成は、次章から取りかかります）。

まずは押さえたいPythonの原則

Pythonの記述方法を学び始めるにあたり、はじめの一歩として、原則を5つ紹介します。まずはこれらの原則を押さえましょう。

▼1　命令文を記述する

プログラミングとは、大まかに言えば、コンピューターに自動で実行させたい処理の“命令文”を記述することです。たとえば、「この文字列を画面に表示しなさい」や「この名前のフォルダーを作成しなさい」などという内容の命令文を記述します。

プログラミング言語で書かれた命令文のことを、プログラミングの世界では一般的に「コード」（もしくは「ソースコード」）と呼びます。以降、本書でも「コード」という用語を用いていきます。この原則はPythonに限らず、すべてのプログラミング言語に共通します。

▼2　コードを上から並べて記述していく

自動で実行させたい処理はたいてい複数あるため、プログラムは複数の命令文で構成されることになります。プログラムを作る際は、命令文のコードを必要な数だけ、上から順に並べて記述します。そのように記述したプログラムを実行すると、命令文が上から順に実行されていきます。この「上から順に」が基本となります。この原則も、すべてのプログラミング言語に共通します。

▼3　1つのコードは改行で終わる

各コードは改行で終わるというルールになっています。改行すると、次の命令文のコードと見なされます。そのため、1つの命令文は原則1つの行に収めて書く必要があります*。

▼4　大文字小文字、全角半角は区別される

*コードの途中で改行する必要がある場合、\を使います。これについては、本書では扱いません。ご了承ください。

コードは半角の英数字記号で記述します。全角で書くとエラーになります。さらにアルファベットの大文字小文字が区別されます。たとえば、本来小文字で書くべき部分を大文字で書くと、エラーになってしまいます。

▼5　文字列は「'」で囲って記述する

画面に表示するテキストなどの文字列は、半角の「'」（シングルコーテーション）で前後を囲って記述します。「'」の中なら、日本語などの全角文字も使えます。たとえば「こんにちは」という文字列なら「'こんにちは'」と記述します。なお、「'」の代わりに「"」（ダブルコーテーション）を使うこともできますが、本書では「'」のみを使うとします。

以上がまず押さえたいPythonの5つの原則です。このあと、これら5つの原則を確認する目的で、さっそく初歩的なPythonのプログラムを記述し、実行してみます。

簡単なコードを書いて、動かしてみよう

本項では、「こんにちは」と「Pythonです」という2つの文字列を表示するコードを記述します。

Pythonで文字列を表示するには、「print」という命令文を用います。書式は次のとおりです。

書　式

```
print(文字列)
```

「print」に続けてカッコを記述し、その中に表示したい文字列を記述します。文字列は前項で学んだ５つ目の原則のとおり、「'」で囲って記述するのでした。「こんにちは」という文字列なら、「'こんにちは'」と記述すればよいのでした。したがって、この記述をカッコ内に指定すれば、画面に「こんにちは」と表示できることになります。

コード

```
print('こんにちは')
```

文字列「Pythonです」を画面に表示するコードは、同様に「print」を使い、以下のように記述すればよいことになります。

コード

```
print('Pythonです')
```

コードを記述しよう

それでは、このコードをSpyderに記述しましょう。Pythonのコードは Spyderの「エディタ」領域にて、拡張子「.py」のファイルに記述します。

まず、**2.2節**（42ページ）で解説した手順に従い、Spyderを起動してください。起動すると、エディタ領域に「タイトル無し0.py」というファイルが表示されます（図3-1-1）。もし、**2.2節**で「temp.py」を閉じていなければ、ファイルのタブの右側にある［×］をクリックして閉じておいてください。その後、「タイトル無し0.py」が表示されていなければ、メニュー下のツールバーの左端にある（［新規ファイル］）ボタンをクリックすれば、「タイトル無し0.py」が作成されます。

なお、Spyderは開いているファイルがなくなると、新規ファイル「タイトル無し0.py」が自動で作成されるようになっています。

また、「タイトル無し0.py」の後ろに付いている「*」は、ファイルが未保存であることを意味します。のちほど保存した際、この「*」は消えます。以降、コードを追加・変更・削除したあとに未保存だと、「*」が表示されま

図3-1-1　Spyderを起動すると、エディタ領域に「タイトル無し0.py」というファイルが表示される

す。
「タイトル無し0.py」の中身にはSpyderの機能によって、冒頭に以下の形式で6行が自動で挿入されます。

コード

```
1 # -*- coding: utf-8 -*-
2 """
3 Created on <曜日 月日 時刻 年>
4 
5 @author: <ユーザー名>
6 """
```

この6行はひとまず無視してください。この意味は、次ページのコラムで簡単に紹介しますので、興味があればお読みください。なお、コードの左側のグレーの部分に表示されている連番は、コードの行番号になります。
「タイトル無し0.py」にコードを書き始める位置は、上記6行から1行空けた8行目とします。7行目以降ならどの行でも構わないのですが、本書では8行目からとします。
では、先ほどのコード「print('こんにちは')」を8行目に記述してください。最後は［Enter］キーを押して改行してください。続けて、「print('Pythonです')」を9行目に記述し、［Enter］キーで改行してください。
本節の45～47ページで解説した5つの原則の4つ目に従い、文字列の中身以外はすべて半角で記述してください。加えて、「print」はすべて小文字で記述してくださ

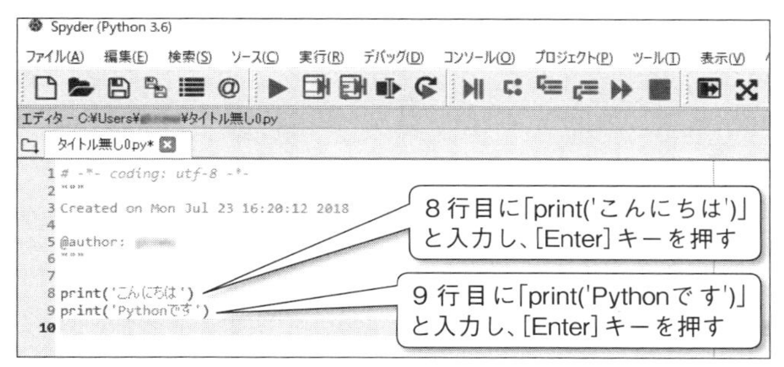

図3-1-2　8行目に「print('こんにちは')」を、9行目に「print('Pythonです')」を入力する

い。大文字が混ざっているとエラーになってしまうので注意しましょう。

冒頭に自動挿入された6行の意味

「タイトル無し0.py」の冒頭に自動挿入された6行の記述について簡単に解説します。厳密に理解していなくても、作例の作成には差し障りないので、ザッと読み進めてください。

1行目の「# -*- coding: utf-8 -*-」は、プログラムの文字コードを「UTF-8」に指定するコードです。UTF-8はプログラミングの世界で推奨されている形式です。

2〜6行目は、作成年月日時刻と作成者といった単なるメモです。作成者はWindowsの場合、Windowsユーザー名になります。

他の1～3つ目の原則も確認してみましょう。1つ目の原則のとおり、目的の処理（文字列「こんにちは」と「Pythonです」を表示する処理）の命令文のコード「print('こんにちは')」を書き、次の行に「print('Pythonです')」を書きました。これら2つの命令文は2つ目の原則のとおり、上から並べて記述されており、実行すると上から順に実行されます。次節で実際に実行して確かめていただきます。

また、2つの命令文はともに、3つ目の原則のとおり、コードの終わりとして改行しています。そして、4つ目の原則どおり、すべて半角で記述していますし、5つ目の原則どおり、文字列は「'」で囲って記述しています。

このように、先ほど記述した2つのコードは、本節の45～47ページで説明した5つの原則に従っていることをあらためて確認しましょう。

上達の早道は、5つの原則をしっかり押さえること

ここまでに2つの命令文を5つの原則に従って記述しました。入門者にとって、5つの原則を実際に確認しながらコードを記述することは、プログラミングおよびPythonの基本を固めることであり、上達を早める礎になるので非常に有効です。また、記述する際のケアレスミスによるエラーを防いだり、もしエラーになった場合の基本的なチェック項目にもなります。

次節以降でのコードの記述でも、5つの原則を常に念頭に置いて取り組みましょう。

3.2 記述したコードを実行しよう

コードを実行する前に保存が必要

コードを記述できたら、さっそく実行してみましょう。Spyderはコードを記述したファイルが未保存の状態では実行できないようになっているので、実行前に必ず保存する必要があります。仮に保存せず実行すると、保存を求められます。ここでそのことを実際に体験してみましょう。

それでは、Spyderのツールバーにある▶（[ファイルを実行]）ボタンをクリックし、実行してください（図3-2-1）。

すると、「ファイルを保存」画面が表示されます（次ページの図3-2-2）。本書では、保存場所をCドライブ直下に「bbpy」というフォルダーを作成し、そこに保存することにします。

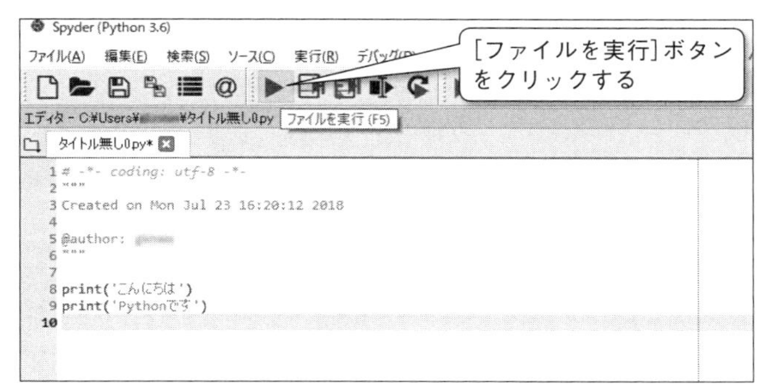

図3-2-1　ツールバーの[ファイルを実行]ボタンをクリックする

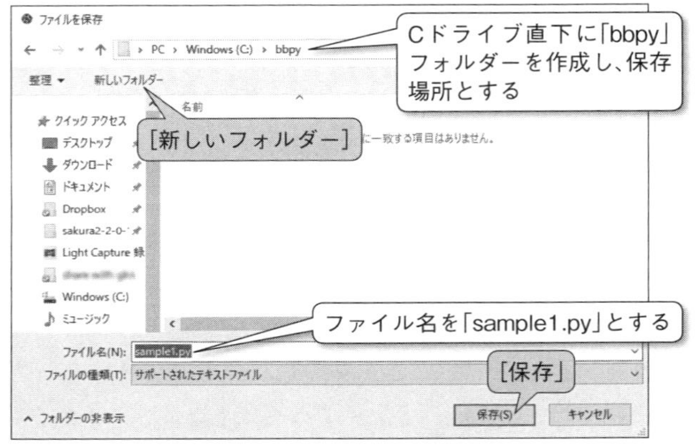

図3-2-2 「ファイルを保存」画面

では、「ファイルを保存」画面にてCドライブ直下に移動し、[新しいフォルダー] をクリックして「bbpy」フォルダーを作成してください。次に「ファイル名」欄にファイル名を入力します。ファイル名は何でもよいのですが、ここでは「sample1.py」とします。末尾の拡張子「.py」は必ず入れてください。

[保存] をクリックして保存すると、ご利用の環境によっては「sample1.pyの実行設定」画面が表示されることがあります。実行関係の設定画面であり、初回実行時のみ表示されます。表示されたら、そのまま [実行] をクリックしてください。

すると、プログラムが実行され、IPythonコンソールに「こんにちは」が表示され、次の行に「Pythonです」という文字列が表示されます（次ページの図3-2-3)。

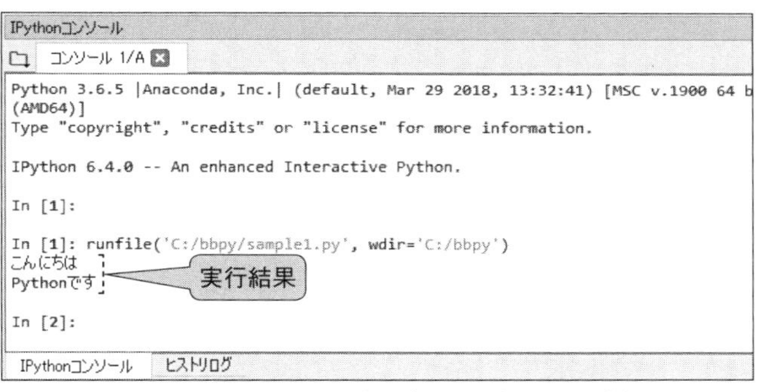

図3-2-3 IPythonコンソールにプログラムの実行結果が表示される

それぞれの文字列は「print」によって表示されました。そして、5つの原則の2つ目（46ページ）のとおり、上から並べて記述した2つの命令文が上から順に実行されたため、このような実行結果になったのです。

なお、IPythonコンソールでは、「こんにちは」の前の行（「In[数値]:」の後ろ）に、「runfile(～」が表示されます。これはプログラムを実行することを表すお決まりのメッセージのようなものであり、実行時に毎回表示されます。また、「In[数値]:」の数値は基本的に、操作した順番を示す数値であり、プログラムを実行するたびに増えていきます。

以降は▶（[ファイルを実行]）ボタンをクリックして実行するたびに、ファイルは自動で上書き保存されます。

上記のような保存の操作が必要なのは、新規ファイルに記述したコードを未保存の状態で実行する際だけです。通常はコードの記述中に、任意のタイミングで保存します。

保存するには、ツールバーの🖫（[ファイルを保存]）ボタンをクリックします。それ以降、ファイルを実行する手順は先ほど解説したのと同じです。

本節では実行結果はIPythonコンソールに表示されました。これは、記述したコードが「print」で、文字列を表示する処理だったからです。記述したコードによっては、実行結果は別の場所で確認することになります。

たとえば、フォルダーを新規作成するコードを記述して実行すれば、その実行結果はWindows上で確認する（実際に意図どおりのフォルダーが作成されているか）ことになります。

実行してエラーが表示されたら

記述したコードに、Pythonの文法・ルールに反している箇所があると実行されず、問題の箇所にエラーが表示される仕組みになっています。

たとえば、8行目でカッコを閉じ忘れて「print('こんにちは'」と記述して、ファイルを実行したとします。すると、IPythonコンソールにはエラーメッセージが表示されます。

メッセージの最後にある「SyntaxError～」は文法エラーという意味です。その上にエラーのコード「print('こんにちは'」および、その下に「^」が表示され、誤りの部分が示されます。また、エディタ領域では、エラーが発生したコードの部分の左側に三角形の「!」が表示され、行全体が強調されます（次ページの図3-2-4）。

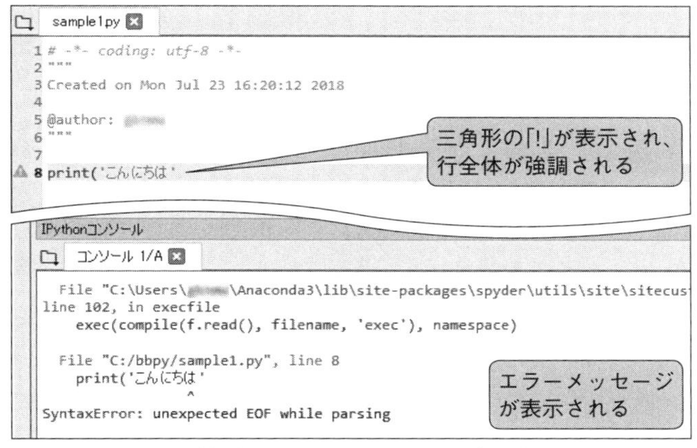

図3-2-4　コードが文法・ルールに反したまま実行すると、IPythonコンソールとエディタにエラーが表示される

コード記述に慣れていない入門者のうちは、誰もがエラーを起こしがちです。もしエラーが発生したら、エラーメッセージをヒントにコードを修正し、再び実行しましょう。

3.3　「関数」の基本を学ぼう

いくつかの処理がまとめられた「関数」

前節までに、「print」という命令文を使い、２つの文字を表示しました。「print」は、「文字を表示する処理」を実行する命令文として、あらかじめPythonに組み込まれているものです。この「print」は、「関数」と呼ばれる種類の命令文になります。関数とは、あるまとまった処理を実行するための仕組みです。関数にあらかじめいくつかの処理がまとめられていることで、１つの命令文を記述するだけで、目的のまとまった処理を実行できる点がメリットです。printは「文字を表示する」という処理の関数であり、一般的には「print関数」と呼ばれます。

Pythonにはprint関数以外にも、さまざまな関数が多数用意されています。その一部を次章以降で実際に使っていきます。関数が充実していることで、シンプルな記述で複雑な処理を実行できるのはPythonの特長です。関数を使い慣れていくことが、Pythonを使えるようになるためのポイントの１つです。

関数の一般的な書式

print関数では、カッコ内に表示したい文字列を指定しました。このカッコ内に指定する値のことを、専門用語では「引数（ひきすう）」と呼びます。

引数とは、関数を実行する際に処理を細かく設定するための仕組みであり、どの関数にも共通します。print関数なら「文字列を表示する」という処理であり、「どのような文字列を表示するのか」という細かい設定を引数としてカッコ内に指定したことになります。

関数の書式を一般化すると次のとおりになります。関数名に続けてカッコを記述し、その中に引数を指定します。

書　式

関数名(引数)

引数の種類や数は関数の種類ごとに異なります。引数が2つ以上ある関数の場合、各引数を「,」（カンマ）で区切って記述します。

書　式

関数名(引数1, 引数2, ……)

なお、上記書式では、「,」の後ろに半角スペースを入れていますが、入れなくても構いません。本書では、各引数の区切りをよりわかりやすくするため、半角スペースを入れるとします。

本書では以降、何種類かの関数を用いていきます。ここで解説した関数の概念や引数の仕組みや書式を、大まかでよいので頭に入れておきましょう。

練習用の簡単なPythonのコードの記述・実行は以上です。では、8行目のコード「print('こんにちは')」と9行目のコード「print('Pythonです')」を削除してください（次ページの図3-3-1）。

削除したら、ツールバーの（[ファイルを保存]）ボタンをクリックしてください。これで、もしこのあとSpyderを閉じ、後日再び起動したとしても、同じ状態で

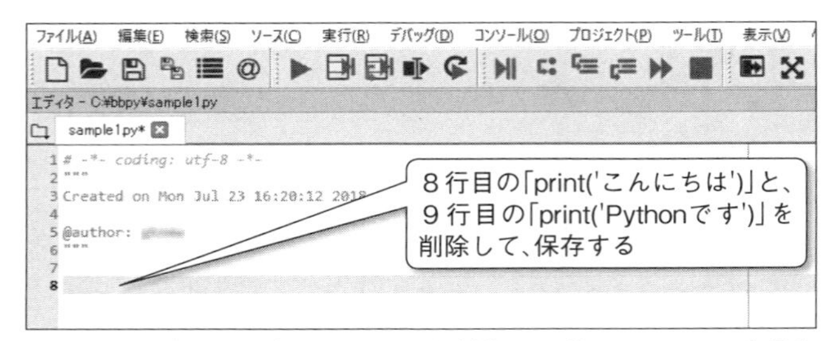

図3-3-1　8行目と9行目のコードを削除して、「sample1.py」を保存する

学習を再開できます。

本章で使ったprint関数は、本書の作例1でも使用します。次章からいよいよ作例1の作成に取りかかります。

関数や引数はExcelにも登場している

関数や引数は聞き慣れない言葉かもしれませんが、Excelユーザーならほとんどの人がすでに使っているでしょう。たとえば「SUM」は関数の一種です。「合計を求める」という処理の関数になります。そして、SUM関数はカッコ内に合計したいセル範囲を指定すると、合計が求められますが、このカッコ内に指定する仕組みこそが引数なのです。

このように関数や引数はExcelにも登場するとなれば、親しみが湧くのではないでしょうか。また、Pythonのみならず、他のプログラミング言語にも登場する普遍的な仕組みです。

作例 1

ここから作例１の作成が始まります。作例１では、４章から10章までで、関数、変数、条件分岐、繰り返し処理といった入門者の方にとって必要なPythonの基礎を学びながら、プログラムを作っていきます。

4章
Pythonでファイルやフォルダーを操作する

4.1 フォルダーを１つ作成するコードを記述しよう

本章から10章にかけて、作例１を作成していきます。

本書では、作例１を作成しながら、Pythonやプログラミングの基礎を学べるように解説していきます。その中には、「プログラミング自体が初めて」という方にとって欠かせない内容が含まれます。Pythonやプログラミングの経験がある人は、「なぜこんな回り道をするのか」と疑問を持つかもしれません。

そこで、まずは、作例１の作成方法についての方針を紹介します。

Pythonの基礎を学びながら、作例１を作成する

本書では、作例１の作成をとおして、入門者の方たちに必要なPythonの基礎を学んでいただく方針で解説します。一般的にどの言語でも、同じ機能を実現するプログラムの書き方は何とおりかあるものです。たとえば現実世界で、自宅から駅へ向かう道が何とおりもあるのと同じこと

です。

作例1でも同様に、必要な機能を実現するPythonのプログラムの書き方は何とおりかあります。最初から処理効率のよいプログラムとなるように書くのが理想ですが、そうした書き方だと、Pythonやプログラミングの入門者にとって必要である基礎的な部分を飛び越してしまいがちです。

そこで、Pythonのプログラミングの基礎を学べるように、あえて“回り道”をして、作例1に必要な機能をステップ・バイ・ステップで作成していきます。そして、必要な機能を実現してから、処理効率のよいプログラムとなるように、書き換えます（図4-1-1）。

この“回り道”の中では、プログラムの作成と実行の作業を繰り返し行います。これによって、入門者の方たちは、徐々にPythonのプログラミングに慣れていけます。

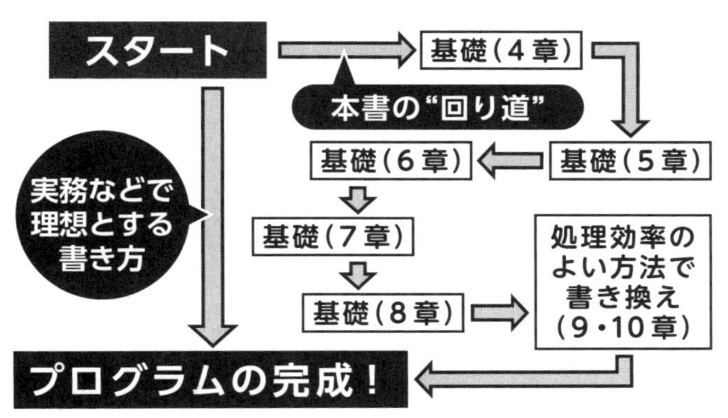

図4-1-1　本書の作例1では“回り道”しながら基礎を学ぶ

また、Python以外のプログラミング言語にも共通する基礎知識も、自然と身につきやすくなります。

つまり作例1は、基礎を学ぶための「教材」のような存在でもあります。作例1を教材にして基礎を学んだあと、その応用として、11章以降で作例2と作例3の作成へと進みます。

すでにPythonをある程度ご存じの方や、最初から処理効率のよい書き方を学びたい方にとっては、この“回り道”は不要に見えるかもしれません。本書では、上述した理由から、あえて“回り道”することをあらかじめご了承ください。

では、まずは作例1に必要な機能の概要を確認します(詳しくおさらいしたい方は、20～23ページをご覧ください)。

・画像ファイルの更新日に応じた名前でフォルダーを作成
・そのフォルダーへ該当する更新日の画像ファイルを移動
・作成したフォルダー数を表示

本章では、このうちの「画像ファイルの更新日に応じた名前でフォルダーを作成」の機能を作成します。

ただし、いきなり複数のフォルダーやファイルを処理対象とはしません。作成するフォルダーの名前も、更新日に応じたものではなく、最初は暫定的な名前とします。1つのフォルダーを作成するコードを記述して動作確認を行い、次にそのフォルダーに1つのファイルを移動するコードを記述して動作確認、という具合に進めていきます。

作例1を準備しよう

作例1を作り始める前に準備として、画像ファイルを用意しましょう。本書のダウンロードファイル一式（入手先は2ページで紹介）に含まれる「photo」フォルダーを、Cドライブ直下の「bbpy」フォルダー（53～54ページ）にコピー*してください。コピー後、「bbpy」フォルダー内は以下のようになります（図4-1-2）。

「photo」フォルダーの中には、9点の画像ファイルがあります（次ページの図4-1-3）。

このあと10章にかけて、sample1.pyに作例1のコードを記述して処理を実行する作業を繰り返しながら、プログラムを作っていきます。

処理を実行すると「photo」フォルダー内に変化が生じますが、1つの処理結果を確認したあとは、基本的に「photoフォルダーの中に9点の画像ファイルがある状態」に戻していただくことになります。なお、この状態に

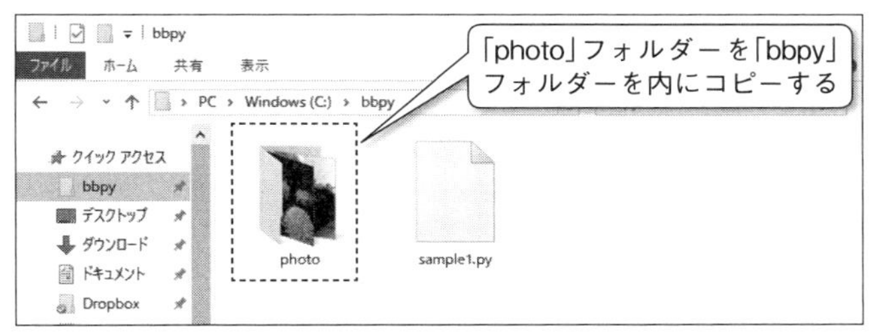

図4-1-2　「photo」フォルダーは「bbpy」フォルダー内に置く

*必要に応じて「photo」フォルダーの中身を最初の状態に戻せるよう、移動するのではなく、コピーすることをおすすめします。

PC › Windows (C:) › bbpy › photo　photoの検索

項目名

名前	更新日時	撮影日時	種類
001.jpg	2018/10/19 10:20	2018/10/19 10:20	JPG ファイル
002.jpg	2018/10/26 17:53	2018/10/26 17:53	JPG ファイル
003.jpg	2018/10/27 11:52	2018/10/27 11:52	JPG ファイル
004.jpg	2018/10/27 11:58	2018/10/27 11:58	JPG ファイル
005.jpg	2018/10/27 12:01	2018/10/27 12:01	JPG ファイル
006.jpg	2018/10/28 14:39	2018/10/28 14:39	JPG ファイル
007.jpg	2018/10/31 13:06	2018/10/31 13:06	JPG ファイル
008.jpg	2018/10/31 13:31	2018/10/31 13:31	JPG ファイル
009.jpg	2018/11/09 10:30	2018/11/09 10:30	JPG ファイル

「photo」フォルダー内の表示形式を「詳細」にして、「更新日時」と「撮影日時」が表示されるように設定している*

図4-1-3　「photo」フォルダーの中には、9点の画像ファイルがある

戻す必要があるときは、図4-1-3への参照を入れます。

なお、本書では「photo」フォルダー内の表示形式を「詳細」にして、「更新日時」と「撮影日時」の2項目が表示されるようにWindows 10のエクスプローラーで設定しています*。

「フォルダーの作成」は、ライブラリの関数を使う

それでは、まず「フォルダーを作成する機能」から始めます。Pythonでフォルダーを作成するには、専用の関数を使います。

関数といえば、前章で任意の文字列を表示する際に使ったprint関数がありました（48ページ）。本節で使う関数も、関数の基本的な概念はprint関数と同じです。ひとつ異なるのは、関数を使う前に「ライブラリ」というものを

*項目名を右クリックし、「更新日時」と「撮影日時」にチェックを入れます（詳細はサポートページにて）。

読み込む必要がある点です。

前章で紹介したprint関数のような関数は、「組み込み関数」と呼ばれます。Anaconda（32ページ）とともにインストールされるPythonにはじめから組み込まれており、すぐに使うことができます。

関数には、Pythonに組み込まれていないものもあります。そうした関数は、Anacondaのパッケージに含まれる「ライブラリ」の中にあります。それらの関数を使うときは、そのライブラリを必ず「読み込む」必要があるのです。

1.1節で、Pythonの魅力のひとつとして、「ライブラリが豊富」ということを紹介しましたが、ライブラリには、さまざまな関数が用意されています。これから使うフォルダーを作成する関数の他に、ほんの一例として代表的なものをあげると以下のようになります。

・ファイルを移動する
・Webページのデータを取得する
・統計分析を行う
・グラフを描画する

ライブラリの関数は事前に読み込んで使う

ここでは、ライブラリの関数を読み込むことについて、もう少し詳しく説明します。

ライブラリの読み込みは「モジュール」と呼ばれる単位で行うよう決められています。ライブラリはジャンルごとにさまざまな関数がまとめられています。多種多様で数多くあるライブラリを種類ごとに分類し、まとめて扱えるようにしたものがモジュールです。

モジュールの読み込みは「import」という命令文を使います。以下、「import文」と呼びます。基本的な書式は次のとおりです。

書 式

```
import モジュール名
```

「import」と半角スペースに続けて、目的のライブラリが含まれているモジュール名を記述します。これで、そのライブラリの各種関数が使えるようになります。

読み込んだ関数を使うには、以下の書式でコードを記述します。

書 式

```
モジュール名.関数名(引数)
```

モジュール名を記述したあとに「.」(ピリオド)を挟み、目的の関数を記述します。関数の部分は「関数名(引数)」であり、**3.1節**で解説したprint関数のときの書式(48ページ)と同じです。

ここまで説明した、「ライブラリの関数は、モジュール単位で読み込む」を図に表すと、次ページの図4-1-4のようになります。

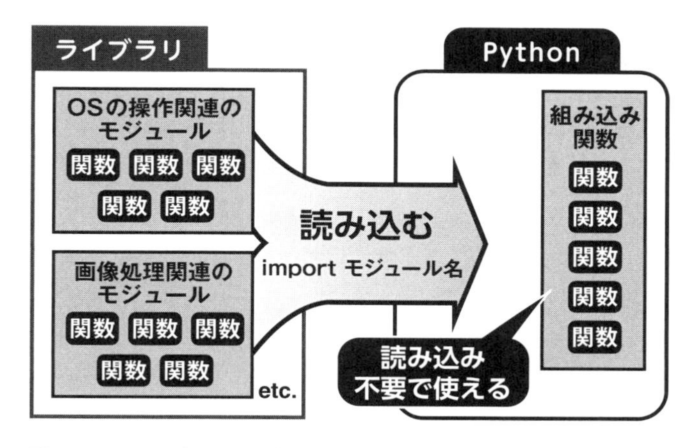

図4-1-4　ライブラリの関数をモジュール単位で読み込む

フォルダーを作成するmkdir関数のコード

ここまでの説明で、ライブラリの関数を使うには、モジュール単位で事前に読み込むことがわかりました。次に、実際にフォルダーを作成する関数のコードは、どのように記述するのかを説明します。

フォルダーを作成する関数は、「mkdir」という関数です。「os」というモジュールに含まれています。osモジュールはフォルダー操作など、OS関連の関数が揃ったモジュールです。

mkdir関数を使うには、このosモジュールを事前に読み込んでおく必要があります。そのコードは先ほど解説した書式に従えば、次のようになります。

コード

```
import os
```

これで、osモジュールの読み込みが行われることになります。次に、読み込んだosモジュールに含まれる使いたい関数を、書式に沿って指定します。mkdir関数の書式は次のとおりです。

書式

```
os.mkdir(フォルダー名)
```

関数名の前には、モジュール名と「.」(ピリオド)が付きます。osモジュールの関数なら「os.」です。

カッコ内の引数には、作成したいフォルダーの名前を文字列として指定します。フォルダー名は文字列として指定するので、「'」で囲んで記述します(文字列を指定する際に「'」で囲むことは、**3.1節**で5つの原則の5つ目として説明しました)。

たとえば、「hoge」という名前のフォルダーを作成したければ、次のように記述します。

コード

```
os.mkdir('hoge')
```

これで、「hoge」という名前のフォルダーが作成されることになります。なお、「mkdir」という関数名は、「make directory」（ディレクトリ＝フォルダーを作る）の省略と考えればよいでしょう。

すべての関数名が機能の内容を示しているとは限りませんが、本書で使う関数名については、任意で付けられるフォルダーなどの名称と区別しやすくするため、できるだけその由来も紹介します。

フォルダーを作成する場所を指定する記述

前述したコードでは、作成するフォルダーの名前を記述しました。mkdir関数は、引数にフォルダー名だけを記述すると、プログラムが書かれている拡張子「.py」のファイル（以下、.pyファイル）と同じフォルダー内に作成されます。前述したコードだと、作例1のコードを記述するsample1.pyと同じフォルダー内（つまり「bbpy」フォルダー内）に「hoge」フォルダーが作成されます。

作例1のコードを記述するsample1.pyのある場所とは別の場所に作成するには、作成したいフォルダー名の前に目的の場所の「パス」を付けて指定します。パスとは、フォルダーの場所を表す文字列です。フォルダー名を「/」（スラッシュ）で区切った形式で記述します。

冒頭で述べたように、パスはフォルダー名から書き始めると（引数にフォルダー名だけを記述すると）、プログラムが記述されている.pyファイルと同じ場所にあるフォルダーを指定することになります。つまり、.pyファイルのある場所を基準にして、どの位置にあるフォルダーなのかをパスで指定することになります。たとえば、sample1.pyと同じ場所にある「photo」フォルダー内を指定するなら、「photo/」と記述します。

「/」で区切ったあとに、別のフォルダー名を記述できます。このとき、存在しないフォルダー名を記述すると、あらたにフォルダーを作成することになります。ここでは、「photo」フォルダー内に「hoge」フォルダーを作成するので、「photo/hoge」と記述します（図4-1-5）。これで、「photoフォルダー内にあるhogeフォルダー」と指定することになります。

このように「/」で区切って記述することで、場所を指定できます。フォルダーの中に別のフォルダー、さらにその中に別のフォルダーがある、といった入れ子構造も、それぞれのフォルダー名を「/」で区切って指定できます。

なお、今回あらたに作成する「hoge」の後ろに「/」を

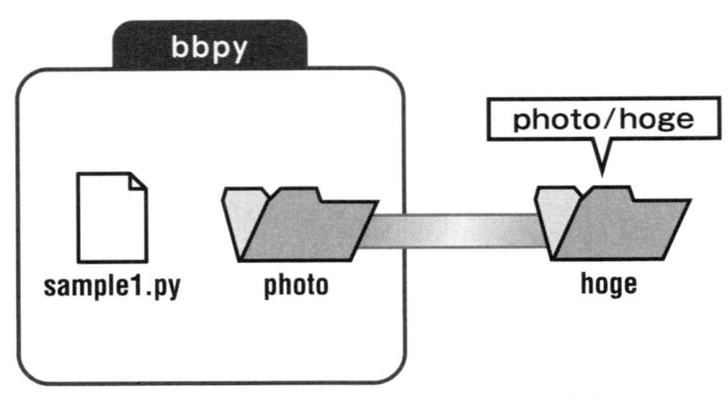

図4-1-5　「hoge」フォルダーを「photo」フォルダー内に作成する際のイメージ

付けて「photo/hoge/」と記述しても、「hoge」フォルダーが作成される場所は変わりません（本書では、最後の「/」は付けないかたちで記述することにします）。

以上を踏まえると、「photo」フォルダー内に「hoge」フォルダーを作成するコードは次のようになります。

フォルダーの区切りを表す記号について

本書では、フォルダーを区切る記号として「/」を紹介しました。パスを記号で区切ることは、コンピューターの世界では、OSに関係なく共通の仕組みです。

Windows環境では、本来「/」でなく「¥」を用いますが、Windows上でPythonのコードを記述するときは、「/」を使うこともできます。

本書では、「/」で区切る方法で記述します。macOSやLinux環境では、Python以外でもパスは「/」で区切るようになっているため、「/」を用いる方法で慣れておくと、将来的にどのOSでもPythonのコードを記述しやすくなると考えられるからです。

なお、「¥」を使ってパスを記述する際、[¥]キーを押すと「\」（バックスラッシュ）として入力されます。さらにコードに記述する際は「\\」と重ねて記述する必要があります。なぜなら、Pythonではもともと「\」は別の役割（コードの途中で改行）があるため、それと区別するために文字列の「\」を記述する際は「\\」と、「\」を重ねて記述するルールになっているからです。

コード

```
os.mkdir('photo/hoge')
```

本書の作例１を作成するうえで必要なパスの指定方法の知識は以上です。本節末にある「相対パスと絶対パス」という項では、パスの指定方法に関してさらに詳しく紹介しています。

コードを記述して動作確認

それでは、ここまでに考えたコードをsample1.pyに記述しましょう。８～９行目に次の２つのコードを記述してください。もし、**3.1節**で記述した練習用コード（51ページの図3-1-2）が８行目と９行目に残っていたら、先に削除してから以下を記述します。

コード

```
8 import os
9 os.mkdir('photo/hoge')
```

上記のコードの入力中、以下のことに気がついたかもしれません。

- 「os.」まで入力したとき、そのあとに入力する候補の一覧が表示される
- 「mkdir(」まで入力したとき、「)」が自動入力される

（**3.1節**でprint関数のコードを記述した際も同様のことが起きていた）

これらは、Spyderのコード補完機能によって自動的に実行されるものです。コードの入力を助ける機能で、上手に利用すると、入力の効率がよくなります。この機能については、**4.3節**で詳しく紹介します。

コードが書けたら、さっそく実行してみましょう。Spyderのツールバーにある▶（[ファイルを実行]）ボタンをクリックしてください。

「photo」フォルダーを開いて確認すると、「hoge」フォルダーが新たに作成されたことがわかります。

確認できたら、「hoge」フォルダーを削除し、「photo」フォルダーの中を元の状態（66ページの図4-1-3と同じ状態）に戻してください。

図4-1-6　sample1.py実行後の「photo」フォルダー内の様子

相対パスと絶対パス

「フォルダーを作成する場所を指定する記述」のところでは、「/」を使ってフォルダーの場所を表す文字列である「パス」について紹介しました。

パスの指定方法には、「相対パス」と「絶対パス」の2とおりがあります。違いは以下のとおりです。本節のプログラムでは相対パスを用いています。

▼相対パス

相対的に場所を指定する方法です。プログラムが記述されている.pyファイルの場所を基準に指定します。指定方法は「フォルダーを作成する場所を指定する記述」(71

本書における関数の表記について

本書では以降、osモジュールのmkdir関数は「os.mkdir関数」と表記するとします。他のモジュールおよび関数についても、「○○モジュールの××関数」は「○○.××関数」という形式で表記するとします。これはPythonの世界ではよく用いられる表記形式です。ちなみに、この形式がよく用いられる主な理由は、同じ名前の関数が異なるモジュールにあるケースがいくつかあり（名前は同じですが機能は異なります）、その区別を付けやすくするためです。

ページ）で解説したとおりです。

なお、.pyファイルの1つ上の階層にあるフォルダーは「../」だけで指定できます。フォルダー名を記述する必要はありません。たとえば、本節のプログラムで「../hoge」と記述すると、sample1.pyの上の階層のフォルダーに「hoge」フォルダーを作成できます。「../」を重ねて記述すれば、その数だけ上の階層のフォルダーを指定できます。たとえば「../../」と記述すれば、2つ上の階層のフォルダーになります。

▼絶対パス

絶対的に場所を指定する方法です。ドライブ（macOSやLinuxならルートにあたるもの）からはじまるかたちで指定します。ドライブは、ドライブ名のアルファベットに続けて「:」を記述します。

たとえば、WindowsでCドライブ直下の「bbpy」フォルダー内にある「photo」フォルダーなら、「C:/bbpy/photo」と記述します。

相対パスと絶対パスは、目的の場所の指定しやすさやわかりやすさを基準に使い分けることになります。本節の例のように、処理の対象（2つのフォルダー「photo」と「hoge」）が、.pyファイルの場所を基準にして、シンプルに指定できる場所であれば、相対パスで簡単にわかりやすく、記述を短く済ませられます。

処理の対象となる場所が、ドライブからたどっていくほうが指定しやすいときは、絶対パスで記述するのが一般的です。絶対パスは相対パスより記述が長くなる傾向がありますが、.pyファイルの場所に左右されず、処理の対象となる場所をより確実に指定できます。

4.2 画像ファイルを移動するコードを記述しよう

本節では、ファイルを移動する方法を学びます。1つの画像ファイルを移動する機能を追加します。

「ファイルの移動」もライブラリの関数を使う

本節では、「photo」フォルダー内にある1つの画像ファイルとして「001.jpg」を、前節で学んだコード（74ページ）で作成できるようになった「hoge」フォルダーに移動するコードを追加します。

「photo」フォルダーの中には9つの画像ファイルがありますが、ここでは、まず1つの画像ファイルのみを移動する処理を作ります。ここで学んだ内容をもとに、5章以降ですべての画像ファイルを移動するようプログラムを発展させます。

前節でフォルダーを作成する際は、ライブラリの関数（osモジュールのmkdir関数——本書ではos.mkdir関数という形式で表記）を使いました。ファイルを移動するときも、ライブラリの関数を使います。

ファイルを移動するのに用いる関数は、「shutil」というモジュールの「move」という関数です。shutilは、ファイル操作関連のモジュールで、ファイルのコピーや移動、名前変更などを行うときに使えます。「move」は見てのとおり、移動を示すと考えればよいでしょう。

os.mkdir関数と同様、shutil.move関数はライブラリの関数ですから、shutilモジュールを事前に読み込んでおく必要があります。ライブラリの関数を読み込むときは、importを使うのでした。import文の書式は前節と同じです。記述するコードは以下のようになります。

コード

```
import shutil
```

shutil.move関数の書式は次のとおりです。

書　式

```
shutil.move(ファイル名, 移動先フォルダー名)
```

()内の２つの引数の説明は以下です。

・１つ目の引数「ファイル名」には、移動したいファイル名を文字列として指定します。プログラムが記述されている.pyファイルと別の場所にあるなら、パス付きで指定します
・２つ目の引数「移動先フォルダー名」には、移動先のフォルダーのパスを文字列として指定します

これ以降、引数が複数ある際、本書では「1つ目の引数」「2つ目の引数」ではなく、「第1引数」「第2引数」と表記することにします。

今回、「photo」フォルダー内にある画像ファイル「001.jpg」を移動したいので、第1引数には、目的のファイル名「001.jpg」の前にパス「photo/」を付けた「photo/001.jpg」を文字列として指定します。

第2引数には、移動先である「hoge」フォルダーを指定します。「hoge」フォルダーのパスは、前節（71ページの「フォルダーを作成する場所を指定する記述」）で説明したとおり「photo/hoge」です。

以上を踏まえると、目的のコードは以下になります。第1、第2引数は、ともに文字列として指定するため「'」で囲います（**3.1節**で、5つの原則の5つ目として紹介しました）。

コード

```
shutil.move('photo/001.jpg', 'photo/hoge')
```

これら2つのコードを次のように追加してください。

コード 変更前

```
8 import os
9 os.mkdir('photo/hoge')
```

▼

コード 変更後

```
8 import os
9 import shutil          ← 追加
10                       ← 追加
11 os.mkdir('photo/hoge')
12 shutil.move('photo/001.jpg', 'photo/hoge')   ← 追加
```

importのコードと関数のコードの間は、1行空けます。空の行は実行時には無視されるので、プログラムの実行結果は何ら変化しません。そのため、空の行は入れても入れなくてもよい記述です。

本書では、コードの区切りをわかりやすくする目的で、1行空けるとします。import文はいわば、前準備のような処理です。それらの処理と、フォルダー作成やファイル移動というメインの処理との区切りを、空の行を挿入することで明確化できます。

このように区切りのよいところに空の行を入れて見やすくすることは、プログラミングではよく行われます。本書では以降も、区切りのよいところで空の行を適宜入れていくことにします。

コードを追加できたら、さっそく動作確認しましょう。その前に、「photo」フォルダー内が9つの画像ファイルのみになっていること（66ページの図4-1-3と同じ状態）を確認してください。

Spyderのツールバーにある▶（[ファイルを実行]）ボ

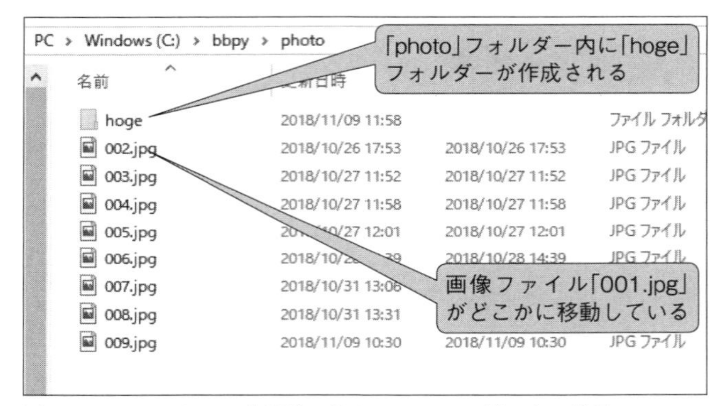

図4-2-1　sample1.py実行後の「photo」フォルダー内の様子

タンをクリックして実行します。そのあと、「photo」フォルダーの中を見ると、「hoge」フォルダーが作成され、かつ、画像ファイル「001.jpg」がどこかに移動していることがわかります（図4-2-1）。
「hoge」フォルダーを開くと、001.jpgが移動したことが確認できます（図4-2-2）。
　動作確認できたら、「photo」フォルダーの中を元の状

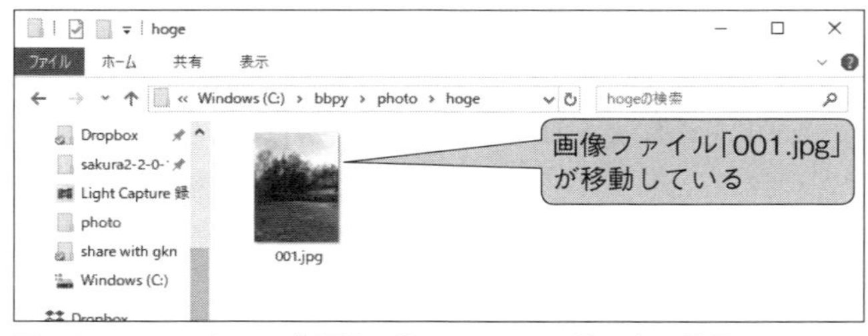

図4-2-2　sample1.py実行後の「hoge」フォルダー内の様子

態（66ページの図4-1-3と同じ状態）に戻しましょう。画像ファイル「001.jpg」を「hoge」フォルダーから「photo」フォルダーに移動したあと、「hoge」フォルダーを削除してください。

「コードを上から並べて記述していく」原則

先ほどのコード（81ページ）では、フォルダーを作成するコードに、ファイルを移動するコードを追加しました。それによって、「フォルダーを作成して、そのフォルダーに指定したファイルを移動する」という複数の処理が、意図したとおりの順番で実行できるようになりました。

ここで、**3.1節**で解説した５つの原則のうちの２つ目「コードを上から並べて記述していく」のことを思い出してください。81ページのコードには、計４つのコードが記述されていて、以下のとおり記述された順番で実行されました。

osモジュールを読み込むコード
↓
shutilモジュールを読み込むコード
↓
os.mkdir関数で、「hoge」フォルダーを作成するコード
↓
shutil.move関数で、「001.jpg」を「hoge」フォルダー内に移動するコード

これら4つのコードを記述する順が不適切だと、プログラムは正しく動きません。まず、2つのimport文が先に記述されていないと、必要なモジュール（osとshutil）を読み込めないまま、フォルダー作成とファイル移動の関数を実行しようとするので、エラーになってしまいます。

また、001.jpgを移動するコードを「hoge」フォルダー作成のコードの前に記述してしまうと、移動先のフォルダーが存在しないのに001.jpgを移動しようとするので、エラーになってしまいます。

このように目的の処理のコードを適切な順で上から並べて記述していくことは、プログラミングでは重要な原則なのです。

なお、2つのimport文の並び順はどちらが先でも構いません。つまり、ライブラリからモジュールを読み込む順番は、処理の順番どおりでなくても支障ありません。モジュールの読み込みは、関数の処理が行われる前に済んでいればよいのです。

4.3 Pythonのプログラミングに慣れていくためのノウハウ

本節では、入門者の方が、この先Pythonのプログラミングに慣れていくうえで役に立つノウハウの中から、2つ紹介します。

Spyderのコード補完機能で効率よく入力しよう

１つ目のノウハウは、Pythonの開発環境にあるコード補完機能の利用についてです。

Pythonの開発環境として、本書ではSpyderを使用しています。こうした開発環境には、コードの入力作業の助けとなる「コード補完機能」が備わっているのが一般的です。Spyderでも、**4.1節**（74〜75ページ）で紹介したような補完機能が備わっています。

コード補完機能の主な目的には以下があります。

・タイピングする手間を減らす
・入力する際のスペルミスを防ぐ

いずれも、コードを効率よく入力していくうえで重要なことです。そこで、実際にコードを入力しながら、コード補完機能を確認してみましょう。

Spyderのツールバーにある（[新規ファイル]）ボタンをクリックし、新しいファイルを作成します（このファイルは確認用に使うので、保存する必要はありません）。

たとえば、import文の「import」を入力する際、「im」まで入力したところで［Tab］キーを押します。

7
8 im

「im」まで入力して、[Tab]キーを押す

すると、「im」以降が自動で補完されて「import」と入力されます。

```
7
8 import
```

自動で補完されて「import」と入力される

これは、入力された「im」をもとに、SpyderがPythonの中で正しく使える単語の候補を自動的に絞り込む機能です。

候補が1つの場合、[Tab] キーで自動的に補完されます。「im」から始まるのは、「import」のみのため、このような結果となります。import文を入力するところでは、この方法で入力する習慣をつければ、「import」をまるまる入力する手間が省け、つまらないスペルミスも防げることになります。

候補が複数あるときは、[Tab] キーを押すと候補がポップアップ形式で一覧表示されます。たとえば、「import shutil」とモジュール名を入力する場合で試してみましょう。先ほど補完機能を使って入力した「import」に続けて半角スペースを入力したあと、先頭2文字の「sh」まで入力して [Tab] キーを押します。

```
7
8 import sh
```

半角スペースと「sh」まで入力して、
[Tab]キーを押す

すると、「sh」から始まるモジュールがポップアップ形式で一覧表示されます。なお、一覧表示の冒頭には、キーワードの種類がアイコンで示されます。ここで表示されたⓜは、モジュール（module）を表します。

一覧からの選択は、上下矢印キーを使います。目的の「shutil」を選択し、［Enter］キー（または［Tab］キー）を押すと入力されます。もしくはポップアップ上で「shutil」をダブルクリックしても入力されます。

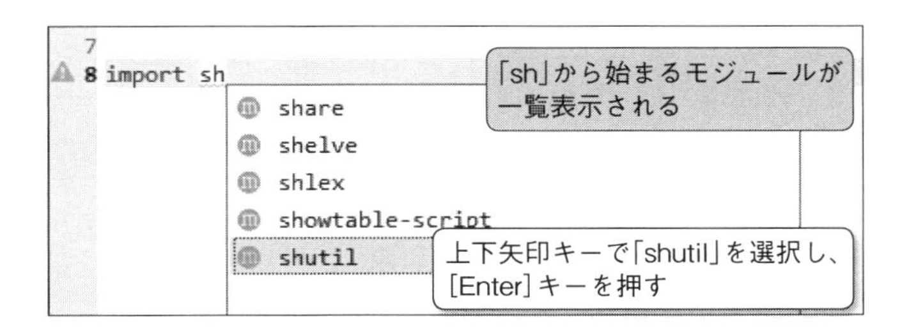

もちろん、「s」のあとに［Tab］キーを押すことでも候補は一覧表示されますが、それだと候補が多すぎるため、長い一覧の中から目的の「shutil」を選択するのが少し手間になります。モジュール名や関数名を入力するとき、冒頭の2～3文字を入力したところで［Tab］キーを押す、という使い方がよいでしょう。

なお、import以外で「im」から始まる任意の文字列などを入力するときは、［Tab］キーを使わずに、すべての文字を入力することになります。この補完機能は、あくまでPythonの文法上存在するキーワードを入力するときの助けとなるものです。

もう少し補完機能の確認と練習を続けます。「import shutil」を入力したので、今度はshutil.move関数を補完機能を使って入力してみましょう。

改行して新しい行に、まず、「sh」まで入力して［Tab］キーを押します。

```
7
8 import shutil
9 sh
```

「sh」まで入力して、[Tab]キーを押す

すると、「sh」以降の入力候補が自動で補完されて入力されます。

```
7
8 import shutil
9 shutil
```

自動で補完され、「shutil」が入力される

入力したのは先ほどと同じ「sh」ですが、今回はポップアップ形式の一覧表示となりませんでした。その理由は、すでにimport文でshutilモジュールを読み込んだ状態だからです。その状態で、行の冒頭に「sh」が入力されたとき、候補となるのは「shutil」のみ、とSpyderが自動的に判断しています。このようにして、「shutil」を入力する手間が省け、スペルミスも防げます。

次に、ポップアップ形式の一覧表示の中から、目的のキーワードを頭出し表示する方法を試してみましょう。

先ほど入力した「shutil」からmove関数を指定する例で説明します。「shutil」に続けて「.」を入力すると、関数やモジュールがポップアップ形式で一覧表示されます。なお、キーワードの冒頭に表示されているⓕのアイコンは、関数（function）を表します。

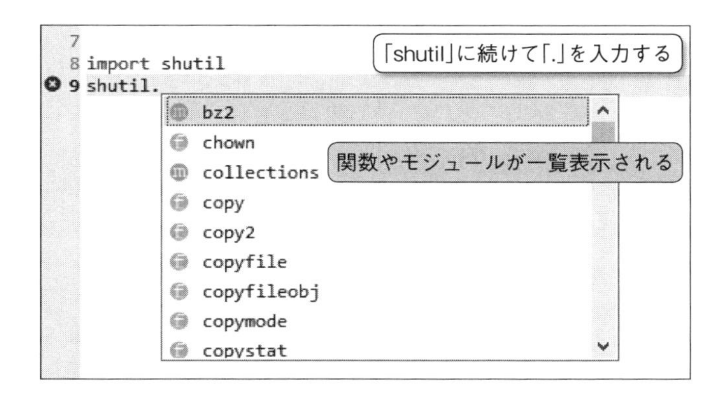

この状態から手早く「move」を選択するには、一覧表示されている状態で「mo」と入力します。すると、「move」が頭出しされ、選択された状態になります。あとは、これまで同様、［Tab］キーを押せば、「move」が入力されます。

今度は、「( )」の補完機能を確認してみましょう。これについては、ここまで3章のprint関数や、前節の作例1のコードですでに経験済みなのですが、あらためて確認してみましょう。

「shutil.move」が入力されたあと、「(」を入力すると、カッコの対となる「)」が自動で入力されます。

```
7
8 import shutil
9 shutil.move
```

「move」に続けて、「(」を入力する

```
7
8 import shutil
9 shutil.move()
```

自動で補完され、「)」が入力される

```
Arguments
move(src, dst, copy_function=copy2)
```

この機能によって、カッコの対となる「)」の入力し忘れを防ぐことができます。なお、文字列の指定に使う「'」のように、対となる記述を自動で補完してくれないケースもあるので注意しましょう。どの程度補完されるのかは、開発環境によって異なります。

以上が、コード補完機能の主な使い方です。こうした機能を使い慣れていないと、使い所がわかりにくいのですが、意識して使うことで、徐々に感覚がつかめてくるはずです。import文のように、割と頻繁に入力するところから使い始め、習慣づけることをおすすめします。

こうしたコード補完機能の使い所がわかってくると、モジュール名や関数名などのスペルを丸暗記することは、それほど重要でないことも徐々に実感できるようになるでしょう。スペルはうろ覚えでも、コード補完機能で正しく入力できるのです。

機能を１つ作成したら、必ず動作確認を行う

入門者の方が、プログラミングに慣れていくうえで役に立つノウハウの２つ目として、動作確認の重要性を紹介します。

本章では、フォルダーの作成とファイルの移動という2つの機能の処理を作りました。関数を読み込むimport文を含めて、記述したコードは4つでしたが、一度にすべてのコードを入力しませんでした。最初にフォルダーを作成するコードを入力したあと、動作確認をしました。

そして、フォルダーが作成されることを確認したあと、一度「photo」フォルダーの中を元に戻してから、今度はファイルを移動するコードを追加しました。そこでも再度動作確認を行い、フォルダーの作成とファイルの移動が正しく行われることを確認しました。

この一見、何の変哲もない作業が、プログラムを作っていくうえで欠かせない、非常に重要なことなのです。つまり、どんな機能でも、機能を1つ作成したら、そのつど動作確認を行う、ということです。

意図どおりの結果が得られれば、その機能は完成ということで、次の機能の作成に移ります。もし、意図どおりの結果が得られなければ、その場でプログラムの誤りを見つけて修正します。こういった作業の繰り返しによって、作り上げていくのが、入門者にオススメするプログラミングの「進め方」です。

これは1つの機能について、「処理手順を考える」(Plan) →「コードを記述」(Do) →「動作確認」(Check) →「意図どおりの結果でなければ誤りを見つける」(Action) といったPDCAサイクルを回しながら、作業を進めていくイメージです。Actionで誤りを見つけたら、Planに戻って正しい処理手順を考えなおし、コードを修正し（Do）、再び動作確認（Check）します。その1つの機能ごとの小さなPDCAサイクルを徐々に積み上げていくことで、複数の機能が意図したとおりに正しく動作するプログラムを作っていくのです（図4-3-1）。

この、当たり前のようなノウハウには、誤りを見つけやすいというメリットがあります。

たとえば、コードを1行記述した直後の動作確認で意図どおりの結果とならない場合、誤りは直前に記述したコードの中にあると限定しやすくなります。本節で入力したコードでその例をあげるなら、「フォルダーを作成する機

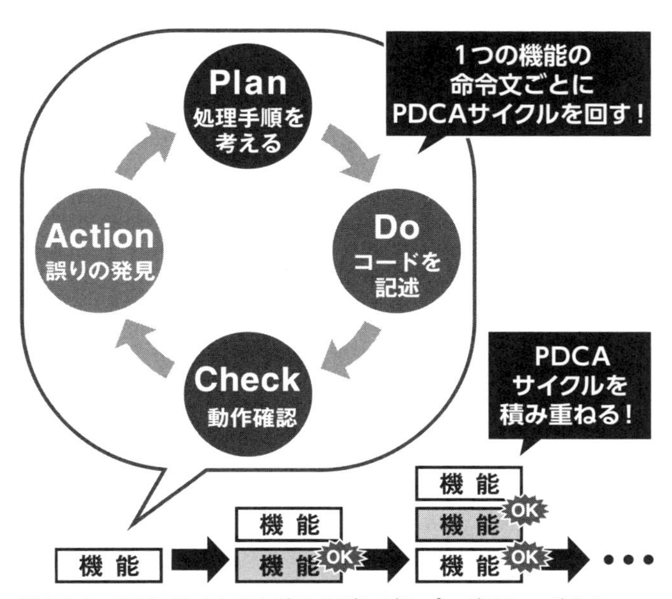

図4-3-1　PDCAサイクルを積み上げながらプログラミングする

能」まで正しく動作していることを確認済みであれば、そのあとに「ファイルを移動する機能」のコードを追加して行った動作確認で、意図しない結果となれば、誤りは追加したコードにある、と限定できるでしょう。

動作確認することは、Pythonへの理解を自然と深めることにもつながります。たとえば、動作確認の結果は意図しないものであっても、エラーが出ずに実行されていれば、直前に入力したコードでどのような処理を行えるのかを学べることになります。「どんなコードだったから、あんな結果になった」といった経験の積み重ねで、徐々にPythonのことや、プログラミングのことが感覚的にわかってくるのです。

少し極端に聞こえるかもしれませんが、はじめのうちは、プログラムを1文字でも追加・変更・削除したら、そのつど動作確認することを筆者は強くオススメします。いちいち動作確認を行うと、余計な時間と手間がかかり、面倒だと思いがちですが、プログラミングの作業は"急がば回れ"なのです。

5章 ファイルの更新日が名前のフォルダーを作成しよう

5.1 ファイルの更新日をフォルダー名にするために必要な処理

作例1は前章までに、「photo」フォルダー以下に「hoge」フォルダーを自動で作成し、1つの画像ファイル「001.jpg」を移動する処理まで作りました。その続きとして、本章では、画像ファイル「001.jpg」の更新日を名前にしたフォルダーを作成する処理を作ります。

前章で作った機能からどう発展させるのか

本章では、次節以降、前章で作った機能を発展させていきます。どう発展させるのか、あらかじめ大まかなイメージをつかんでもらうため、次ページの図5-1-1を示します。

本章で発展させるのは、作成するフォルダー名の処理です。4章では、作成するフォルダー名を暫定的なものとして「hoge」で指定していました。本章では、作成するフォルダー名を、画像ファイル001.jpgの更新日となるよう

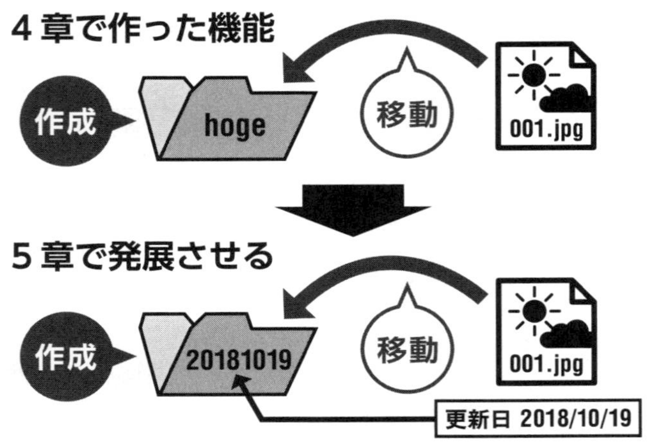

図5-1-1　作成するフォルダー名の処理を本章で発展させる

に発展させます。フォルダーを作成する際に、001.jpgの更新日を引っ張ってくるイメージです。

実現に必要な処理と工程

作成するフォルダー名に、画像ファイル001.jpgの更新日を使うために、どのような処理が必要かを考えてみます。大まかにあげると、以下のようになります。

・画像ファイル001.jpgに含まれている更新日を取得する
・取得した更新日を、作成するフォルダー名に指定する。そのフォルダー名は、年月日を示す8桁の数字（西暦年4桁、月2桁、日2桁の形式）とする（月と日は1桁なら頭に0を入れる）

フォルダー名については、**4.1節**で入力したフォルダーを作成するコード「os.mkdir('photo/hoge')」(74ページ)の「hoge」の部分を、001.jpgの更新日に置き換える、と考えれば対応できそうです。

「'photo/hoge'」の部分は、パスとフォルダー名が文字列になっています(47ページで紹介した5つの原則の5つ目のとおり、文字列なので「'」で囲まれています)。そのため、ファイルから取得する更新日も、文字列の形式になっている必要があります。

上記のように、必要な処理を大まかにあげると、簡単そうに見えるかもしれません。しかし、実際は以下のような3つの処理を順番に行っていく必要があります。

①001.jpgの更新日を秒単位のデータで取得することになる(コンピューターの内部では、更新日などの日時に関するデータは原則、秒単位で管理されている関係で、日付の形式で表示されていても、Pythonで取得する際は秒単位のデータでしか取得できない)
②関数を用いて、秒単位で取得したデータを、日付データに変換する必要がある
③日付データは、そのまま文字列としては扱えないため、関数を用いて、日付データを文字列に変換する必要がある。その形式は「西暦年4桁、月2桁、日2桁」とする

行いたい処理を実現するプログラムを考えるときは、プログラミング言語の性質に合わせて、上記のように工程を

分けることがよくあります。本章では、上記の3つの工程で処理を実現していきます。その際、必要な機能を作成しながら、4章同様に、入門者にとって必要な“回り道”をしながらPythonの基礎も学んでいきます。

5.2 更新日を秒単位のデータとして取得

ここでは、001.jpgの更新日を取得する方法を説明します。

コンピューターは、日時に関するデータを秒単位で管理しています。画面上では年月日の形式で表示されていても、内部では秒単位として扱っているのです。そのため、コンピューター上にあるファイルから更新日を取得するときは原則、秒単位のデータとしてしか取得できません。

Pythonで使う関数で取得できるのも、秒単位のデータとなります。

更新日のデータを取得する方法

まずは、画像ファイル001.jpgの更新日を、秒単位のデータとして取得する方法を説明します。

更新日を取得するには、osモジュールの「os.path.getmtime」関数を用います。osモジュールを使うには、前章で紹介したように、ライブラリからの読み込みが必要です。しかし、今回はすでに「import os」が入力されたsample1.pyにコードを追加しますから、あらためて読み込む必要はありません。

「os.path.getmtime」関数の書式は次のとおりです。

書 式

```
os.path.getmtime(ファイル名)
```

引数には、更新日を取得したいファイル名を文字列として指定します。ファイルの場所がプログラムを記述した.pyファイルと異なる場合は、ファイル名の前にパスを付けます。

この書式でコードを記述して実行すると、指定したファイルの更新日の秒単位のデータが得られます。秒単位のデータとは、基準となる日時からの総経過秒数となる数値です。

基準となる日時とは、基本的に1970年1月1日0時0分0秒です（OSの種類によって異なる場合がありますが、Windowsの場合は1970年1月1日0時0分0秒です）。つまり、ファイルの更新日を、1970年1月1日0時0分0秒から経過した秒数の形式で取得できることになります。

なお、この秒単位のデータはPythonに限らず、コンピューターの世界では内部処理によく用いられます。コンピューターにとっては、秒単位のデータが日付を管理しやすいからです。

次は、関数の「戻り値」について解説します。os.path.getmtime関数で得られる更新日の秒単位のデータのように、関数を実行した結果として得られる値のことを専門用語で「戻り値」と呼びます。

戻り値はPythonのみならず、他のプログラミング言語にも登場する普遍的な仕組みです。このあとすぐにos.path.getmtime関数のコードを記述して実行するので、その際に戻り値が具体的にどんなものなのかを体験していただきます。

Point

関数の実行結果の値を「戻り値」と呼ぶ

更新日のデータを取得するコード

それでは、os.path.getmtime関数の書式に従い、001.jpgの更新日を秒単位のデータとして取得するコードを考えま

階層構造になったモジュールがある

本文では、「osモジュールのos.path.getmtime関数」と紹介しました。実は厳密に言うと、「os.pathモジュールのgetmtime関数」です。os.pathモジュールは、osモジュールの中にあるモジュールで、osモジュールをimport文(「import os」)で読み込めば一緒に読み込まれます。Pythonには、os.pathモジュールのように、階層構造になったモジュールが多数あります。

しょう。

引数には、ファイル名の「001.jpg」を文字列として指定します。001.jpgは「photo」フォルダー内にあるので、パスとして「photo/」をファイル名の前に付けて、「photo/001.jpg」と記述します。この記述は、文字列として指定する必要があるので、「'」で囲って記述します（これまで何度も紹介したように、これは**3.1節**で紹介した5つの原則の５つ目です）。

入力するコードは以下となりますが、実際にコードを入力する操作は、次項で行いますので、コードの入力はお待ちください。

コード

```
os.path.getmtime('photo/001.jpg')
```

このコードを実行すれば、os.path.getmtime関数の戻り値として、001.jpgの更新日を秒単位のデータとして取得できます。

取得したデータを確認するには

今回のようなデータを取得する処理は、コンピューターの内部で行われるものです（大まかに言い換えると、データをメモリに記憶する処理です）。そのため、先ほどのコードを実行するだけでは、画面に表示されることはなく、その結果を目で見て確認することはできません。先ほど示したコードの動作確認をするときは、**3.1節**で紹介したprint関数を使って、取得したデータを画面に表示します。

それでは、試してみましょう。作例1の機能として必要なのは、更新日を秒単位のデータとして取得するだけで、画面に表示する必要はないのですが、ここでは本書の“回り道”の一環として、先ほど紹介したコードにprint関数の記述を追加します。

先ほど確認したos.path.getmtime関数のコードを、丸ごとprint関数の引数に指定すればよいので、このあと入力するコード全体は以下のようになります。

コード

```
print(os.path.getmtime('photo/001.jpg'))
```

このコードを、前章までコードを入力してきたsample1.pyに追加します。入力する位置は、フォルダーを作成する命令文（os.mkdir関数のコード）の前です。入力する際、**4.3節**で紹介したSpyderのコード補完機能を試してみるとよいでしょう。

コード 変更前

```
8 import os
9 import shutil
10
11 os.mkdir('photo/hoge')
```

```
12 shutil.move('photo/001.jpg', 'photo/hoge')
```

▼

コード 変更後

```
 8 import os
 9 import shutil
10
11 print(os.path.getmtime('photo/001.jpg'))   ← 追加
12 os.mkdir('photo/hoge')
13 shutil.move('photo/001.jpg', 'photo/hoge')
```

追加できたら、動作確認をするためSpyderのツールバーにある▶（[ファイルを実行]）ボタンをクリックして実行してください。

この場合、print関数の処理結果が表示されるのは、IPythonコンソールです（**3.2節**で、「こんにちは」を表示させたときと同じです）。IPythonコンソールに、001.jpgの更新日の秒単位のデータである「1539912031.0」*が表示されます（次ページの図5-2-1）。

この数値は、001.jpgの更新日を、1970年1月1日0時0分0秒からの総経過秒数で表したものです。見てわかるとおり、秒単位のデータのままだとフォルダー名に使えませんし、そもそも何年何月何日なのかがわかりません。前節で紹介したように、このあとこの秒単位のデータを、日

*001.jpgの更新日の秒単位のデータは、OSの日付時刻の設定等によって、「1539912032.0」などと1秒ずれる場合があります。ずれたとしても、本書の操作には影響しません。

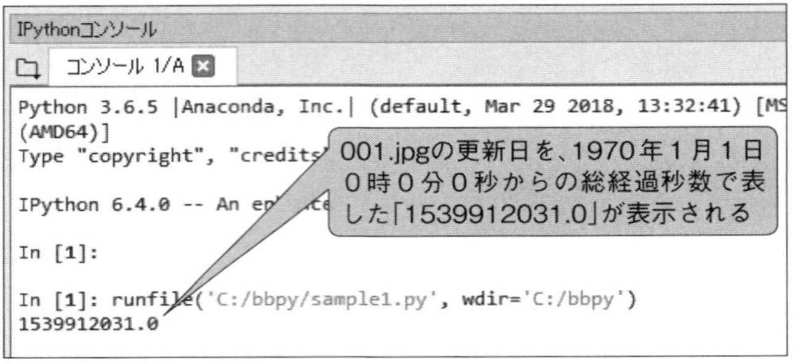

図5-2-1　sample1.py実行後、IPythonコンソールに、001.jpgの更新日の秒単位のデータが表示される

付データに変換する必要があります。

なお、IPythonコンソールで左側に表示される「In [1]」などの[ ]内の数字は、実行順の連番です。紙面の画面に掲載されている番号と、みなさんの実行結果の番号が違っていても問題ありません。

現段階で、秒単位ながら更新日データを取得するコードを記述できていることを確認できたので、本節の目的は実現できたことになります。

意図したとおりのデータを取得するコードになっているか確認したいときは、print関数で画面に表示できます。プログラミングでは、今回のようにデータを画面に表示する処理のことを「出力する」と表現することがよくあります。本書でも、以降「出力」という表現を用いていきます。

今回の動作確認では、sample1.pyのコード全体が実行されています。そのため、「hoge」フォルダーが作成され、その中に001.jpgが移動されています。そこで、今回の動作確認前の状態に戻しておいてください。つまり、001.jpgを「photo」フォルダー内に移動してから、「hoge」フォルダーを削除して、「photo」フォルダー内を66ページの図4-1-3の状態とします。

取得したデータを確認するために、今回は、sample1.py上にprint関数のコードを追加しました。すでに述べたように、取得したデータを画面に出力する処理は、作例1の機能としては不要です。本来必要のない機能のコードを.pyファイルに追加することは、動作確認のためとはいえ、基本的には避けるべきですが、今回は取得したデータを確認する目的で、特例としました。

print関数のコードの部分は、このあと**5.5節**で書き換えます。現時点では削除せずに、sample1.pyを上書き保存しても問題ありません。

実はSpyderでは、.pyファイル以外の場所で、試しにコードを入力して実行し、そのコードの動作結果のみを画面に出力できます。本節で行ったような、取得したデータの確認を行うときなどに便利です。次節では、その機能の使い方を紹介します。

本節で入力したコードで、001.jpgの更新日を秒単位のデータとして取得できるようになっています。この秒単位のデータを日付データに変換する方法については、2つ先の**5.4節**で説明します。

5.3 コードを試しに入力し、そのコードの実行結果を確認する

3章や前節で、print関数による文字列やデータの出力先となっていたのは、IPythonコンソールでした。IPythonコンソールの用途はそれだけではありません。コードを試しに入力して、そのコードの実行結果を確認したいときにも使えます。

IPythonコンソールでコードの入力と実行を行える

前節では、os.path.getmtime関数で取得した画像ファイルの更新日（秒単位のデータ）を確認するため、print関数をsample1.pyに追加して、IPythonコンソールに出力しました。この方法で、コードの実行結果を確認できましたが、以下の点が気になります。

- 実行すると、sample1.pyに入力されているコード全体（動作確認済みのフォルダーの作成とファイルの移動）が実行されてしまう
- 実行後、作例1の機能には必要ないprint関数のコードをsample1.pyから削除する必要がある

このように、作例の機能に必要ない関数などを含むコードを.pyファイルに入力する方法は、基本的には採用しないほうがよさそうです。

この方法の代わりに使えるのが、IPythonコンソールです。IPythonコンソールでは、コードを入力して実行することができ、その実行結果も出力できます。そのため、.pyファイルに影響を及ぼさずに、コードの入力とその実行結果の確認を行えます。

さっそく利用してみましょう。IPythonコンソールの「In [連番]: 」の後ろに、前節で記述した以下のコードを入力してください。Spyderのコード補完機能（**4.3節**）はIPythonコンソールでも使えるので、うまく活用しましょう。また、試しに入力してみたいコードをsample1.pyからコピー&ペーストしても構いません。

ここでは、前節でsample1.pyに追加した以下のコード（IPythonコンソールに出力したprint関数を含むコード）で試してみます。

IPythonコンソール

```
print(os.path.getmtime('photo/001.jpg'))
```

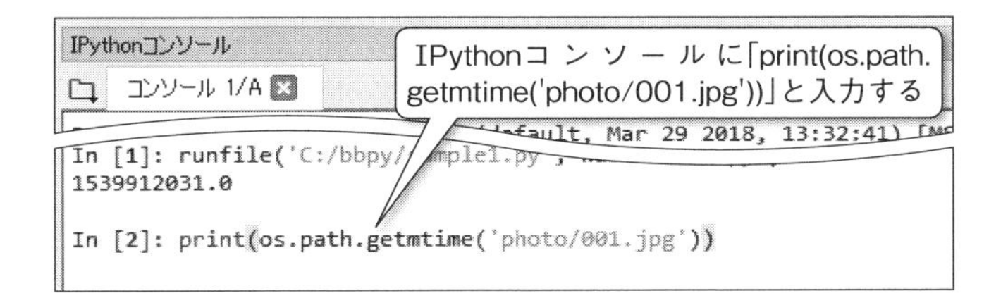

入力できたら、[Enter] キーを押してください。すると、コードが実行され、前節での動作確認と同様に、001.

jpgの更新日の秒単位のデータがIPythonコンソールに表示されます。

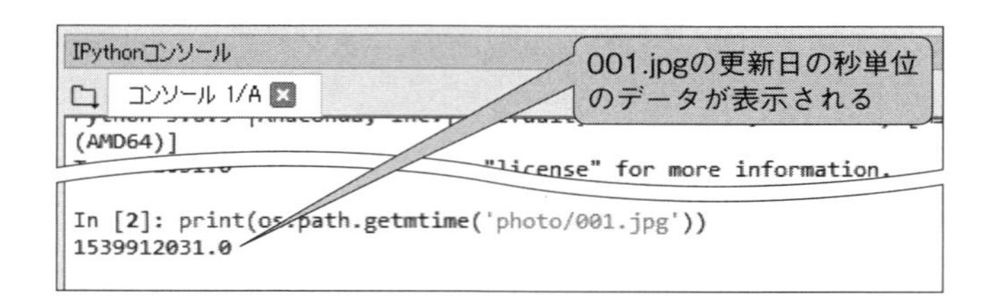

もしエラーが表示されたら、コードの入力間違いをしていないか、あるいは「photo」フォルダーの中が元の状態（66ページの図4-1-3）になっているか確認してください。001.jpgが「photo」フォルダーの中にないと、実行できません。

実行後、「指定されたファイルが見つかりません。」というエラーになる場合

コードの中で処理の対象となるファイルやフォルダーが、.pyファイルを基準に相対パスで入力されていると、IPythonコンソールの実行結果で「指定されたファイルが見つかりません。」というエラーが出力されることがあります（**4.1節**では、パスの文字列を相対パスで入力していました）。

このエラーの原因は、IPythonコンソールが処理対象のファイルやフォルダーの場所を見つけられていないことにあります。IPythonコンソールを使用する前に、.pyファ

イルで一度も処理が実行されていないと、基準となる.pyファイルの場所を確認できず、相対パスによって処理対象のファイルやフォルダーの場所を正しく見つけられなくなるのです（過去に.pyファイルを実行していても、Spyderを一度終了したり、.pyファイルを一度閉じたりすると、一度も処理が実行されていない状態となります）。

もし、そのようなエラーが起きたら、.pyファイルを一度実行してください。これで、基準となる.pyファイルの場所が確認され、相対パスによって処理対象のファイルやフォルダーの場所を正しく見つけられるようになります。

なお、.pyファイルを実行すると、入力されているコード全体が実行されます。これは、前節でprint関数を追加したコードを実行したときと同じです（103～105ページ）。実行後は、001.jpgを「photo」フォルダーに戻すなど、実行前の状態（66ページの図4-1-3）に戻すこともお忘れなく。

次節以降、IPythonコンソールを使用する際、あらかじめ.pyファイルが実行された状態かどうか確認しておくとよいでしょう。ここで紹介したエラーが表示されたら、同様に対処してください。

print関数なしでも、取得したデータを出力できる

先ほどIPythonコンソールに入力したコードは、前節で.pyファイルに入力したものと同じで、print関数を含むコードでした。

実は、IPythonコンソールでは、print関数なしでも

os.path.getmtime関数の実行結果（戻り値）を出力できます。つまり、作例1に必要な「os.path.getmtime('photo/001.jpg')」のみ入力し、そのコードの実行結果を出力できるのです。

試してみましょう。次のように「In [連番]: 」の後ろに、os.path.getmtime関数のみのコードを記述してください。

IPythonコンソール

```
os.path.getmtime('photo/001.jpg')
```

［Enter］キーを押すと、更新日の秒単位のデータが次のように出力されます（「指定されたファイルが見つかりません。」というエラーになる場合の対処は、108ページで紹介しました）。

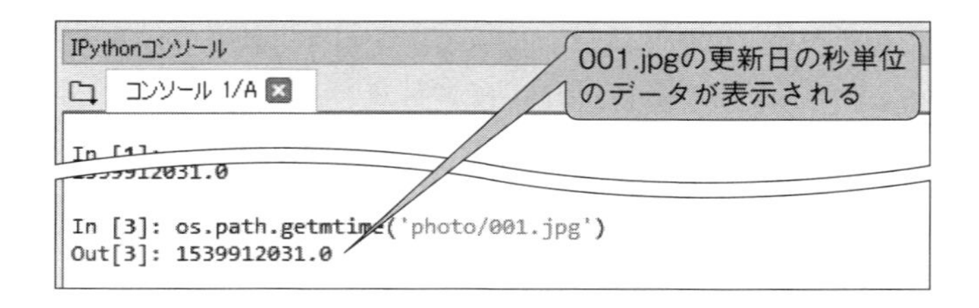

print関数を含むコードで行ったときとの違いは、実行結果が「Out [連番]: 」の後ろに出力される点です。「Out」は出力を意味します。

なお、「Out」に続けて表示される連番も、先ほど

「In」のところで紹介したのと同様に、ここに掲載された番号と違っていても問題ありません。

このようにIPythonコンソールを利用すると、.pyファイル上のコードを変更せずに、コードを入力して、実行結果を確認できます。**4.3節**の最後（92ページ）で、動作確認の重要性を紹介しましたが、手軽に動作確認できる点でIPythonコンソールは重宝する機能です。本書では以降も、初めて使う関数の体験などに適宜利用していきます。

なお、今回入力して実行結果を出力したコードは1行でしたが、IPythonコンソールでは、複数行入力して実行することもできます。その具体例は6章で紹介します。

対話モード（インタラクティブシェル）

IPythonコンソールのように、コードを入力して、実行結果を出力する方式は、一般的に「対話モード」や「インタラクティブシェル」と呼ばれます。こういった機能は、Spyderに限らず、他の開発環境でも同様に用意されています。たとえば、Windowsなら、コマンドプロンプトやWindows PowerShellというものがあります。macOSやLinuxなら、ターミナルといったツールで利用できます。

5.4 取得したデータを、秒単位から日付単位に変換する

ここまで、001.jpgの更新日を秒単位のデータで取得するコードを学びました。また、取得したデータをIPythonコンソール上に出力し、コードが意図したとおりになっていることを確認しました。

今度は、次の段階として、秒単位のデータを日付データに変換する方法を学んでいきます。

秒単位から日付に変換するには

5.2節で学んだコードで取得した001.jpgの更新日の秒単位のデータは、日付の形式ではなく、単なる数値の形式になっています（どんな数値かは、前節でIPythonコンソールに出力しました）。これを、「4桁の西暦年、2桁の月、2桁の日」の形式で、フォルダー名として表示できるようにするため、まずは、秒単位のデータを日付データに変換する必要があります。

日付データとは、日付を扱うための特殊な形式のデータです。日付データの形式になっていると、任意の日数後の日付を求めるなど、日付の計算が行えます。また、日付データの形式なら、日付を「20180920」や「180920」といった文字列に変換することもできます（日付だけでなく、時刻も含めた文字列にも変換できます）。他にも、日付に関する多彩な処理を行えるのが日付データです。

秒単位のデータを日付データに変換するには、datetime

モジュールの「datetime.datetime.fromtimestamp」関数を用います。「datetime.」が２つ続くので、一見奇妙な関数に見えますが、そのような名前と決められていると割り切って扱ってください。この関数もライブラリにあるものなので、import文で読み込んでから使います。

同関数の書式は次のとおりです。

書　式

```
datetime.datetime.fromtimestamp(秒単位のデータ)
```

引数に指定する秒単位のデータは、os.path.getmtime関数の戻り値で得られる数値です。**5.2節**で解説したように、基準となる日付からの総経過秒数となる数値になります。

datetime.datetime.fromtimestamp関数を体験する

それでは、sample1.pyにコードを追加する前に、datetime.datetime.fromtimestamp関数をIPythonコンソールで体験してみましょう。

前節の108～109ページで紹介したように、基準となる.pyファイルの場所をIPythonコンソールが確認できていない状態だと、実行後にエラーとなってしまいます。前節のあと、一度sample1.pyファイルやSpyder自体を閉じた場合は、sample1.py全体を実行しておきましょう。その際、001.jpgや「photo」フォルダーを元の状態（66ページの図4-1-3）に戻しておきましょう。

まずは、datetimeモジュールを読み込むimport文を入力し、[Enter] キーを押してください。

```
import datetime
```

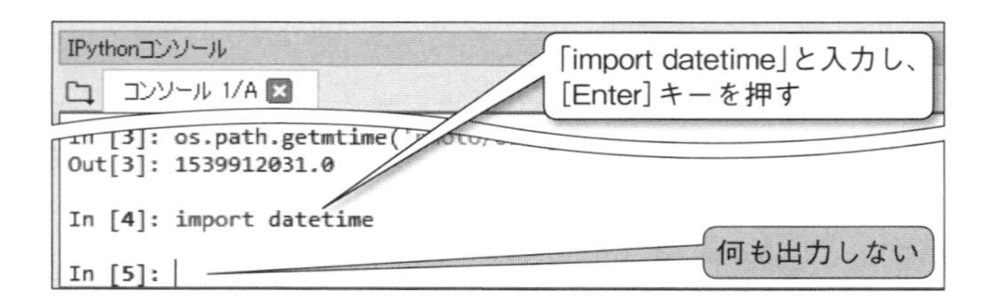

import文は、モジュールを読み込むだけなので、入力して実行しても何も出力しません。もし、誤ったモジュール名を入力したなどでimport文の実行に失敗すると、「ModuleNotFoundError ～」というエラーが表示されます。エラーが表示されなければ、無事に関数が読み込まれている状態です。

ここでは、datetime.datetime.fromtimestamp関数の体験として、001.jpgの更新日を日付形式に変換するコードを実行します。引数には、**5.2節**で001.jpgの更新日を秒単位のデータとして取得する「os.path.getmtime('photo/001.jpg')」(101ページ) をそのまま指定します。

では、次のコードをIPythonコンソールに入力して[Enter] キーを押して実行してください。datetime.datetime.fromtimestamp関数を入力する際は、できるだけSpyderのコード補完機能（**4.3節**）を使うようにすると、コードの入力に慣れていくのが早くなるでしょう。

IPythonコンソール

```
datetime.datetime.fromtimestamp(os.path.getmtime('photo/001.jpg'))
```

改行せず、1行で入力する

すると、次のようにOut[連番]のあとに、001.jpgの更新日の秒単位のデータが日付データの形式に変換されて出力されます（[Enter] キーを押したあと、「...:」と出力される場合は、再度 [Enter] キーを押してください）。

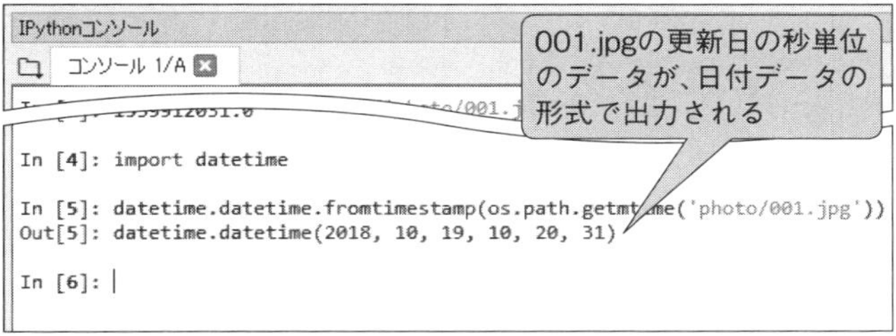

IPythonコンソール
コンソール 1/A

```
In [4]: import datetime

In [5]: datetime.datetime.fromtimestamp(os.path.getmtime('photo/001.jpg'))
Out[5]: datetime.datetime(2018, 10, 19, 10, 20, 31)

In [6]: |
```

001.jpgの更新日の秒単位のデータが、日付データの形式で出力される

変換された日付データは以下の形式で出力されます。「()」内の「年」「月」「日」などはすべて数値です。

```
datetime.datetime(年, 月, 日, 時, 分, 秒)
```

ここでは、「datetime.datetime(2018, 10, 19, 10, 20, 31)」と出力されています。001.jpgの更新日は、2018年10月19

日10時20分31秒ということになります。なお、画像ファイルの更新日の秒が「00」の場合、変換の際に自動的に省略されます。

この出力結果が、001.jpg更新日の日付データと同じかどうか確認してみましょう。更新日は、001.jpgのファイルのプロパティで確認できます。ファイルのプロパティを開くには、「photo」フォルダーにある001.jpgを右クリック→［プロパティ］をクリックしてください。更新日は、［全般］タブの中程からやや下にある［更新日時］に表示されます（図5-4-1）。

ここまで、001.jpgの更新日の秒単位のデータを、日付データに変換するコードを学びました。そして、IPython

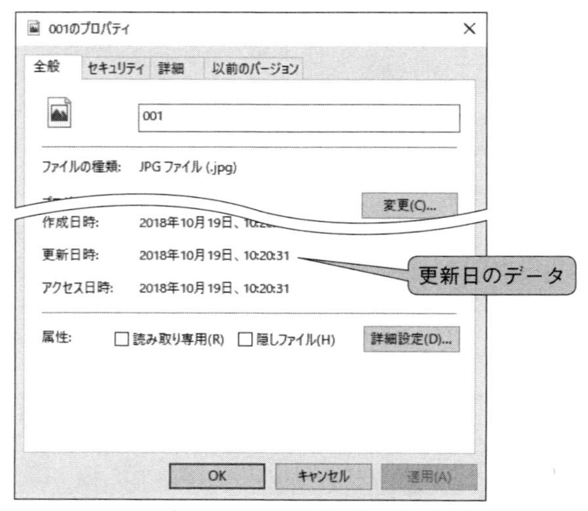

図5-4-1　001.jpgのプロパティに表示される更新日のデータ

コンソール上で試しに入力し、その実行結果を確認できました。ひとまず、処理を実現できるコードはわかったことになります。

今回入力した「datetime.datetime.fromtimestamp(os.path.getmtime('photo/001.jpg'))」というコードには、「001.jpgの更新日の秒単位のデータを取得する処理」と、「取得した秒単位のデータを日付データに変換する処理」の2つがまとめられています。そのため、**5.2節**まででsample1.pyに入力された他のコードと比べると、長めの

IPythonコンソールでのimport文

4章で使用したos.mkdir関数（**4.1節**）とshutil.move関数（**4.2節**）も、事前にimport文でモジュールの読み込みさえ行っておけば、IPythonコンソールで実行できます。

また、目的のモジュールを読み込むコードが記述されている.pyファイルを実行していれば、以降はIPythonコンソールでimport文を入力して読み込まなくても、そのモジュールの関数が使えます。これについては、**5.2節**でsample1.pyを一度実行した状態で、続けて**5.3節**のIPythonコンソールでの入力を行った方は、すでに体験済みです。**5.2節**の時点で、すでにosモジュールが読み込まれてるため、**5.3節**でIPythonコンソールにosモジュールを読み込むimport文を入力せず、いきなりos.path.getmtime関数を入力しても実行できたのです。

コードになっています。

このコードをこのままsample1.pyに追加しても間違いではありません。しかし、読みやすさや扱いやすさという点を考慮すると、改良する余地があります。次節では、この改良にも取り組みつつ、sample1.pyにコードを追加します。

5.5 変数を使い、データを取得するコードと、変換するコードに分ける

前節で正しく動作することを確認したコードは、「001.jpgの更新日の秒単位のデータを取得する処理」と、「取得した秒単位のデータを日付データに変換する処理」の2つがまとめられていました。その分、1行が長くなっています。こうしたコードは、読みにくいだけでなく、変更する際に手間となるため、できるだけ短くシンプルな形式にするのが、プログラミングでは一般的です。

今回のように、複数の処理がまとまっているコードは、「変数(へんすう)」という仕組みを用いて、処理ごとに分割することができます。本節では、変数の基礎を学んでから、変数を使って2つの処理に分割したコードをsample1.pyに追加します。

1行が長いコードを見やすくしよう

はじめに、前節で学んだコードと、変数を使って分割されたコードを示します。分割することで実現するコードの

読みやすさと扱いやすさの、大まかなイメージをつかんでください。

・**前節で学んだコード**

```
datetime.datetime.fromtimestamp(os.path.getmtime('photo
/001.jpg'))
```

・**変数を使って分割したコード**

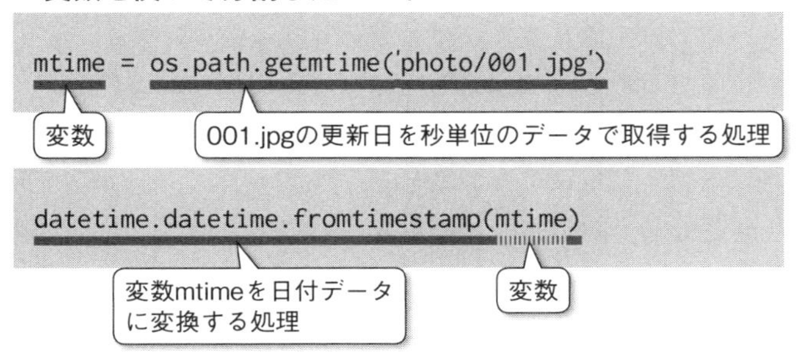

このように、コードは2行になりますが、行はそれぞれ短くなります。また、それぞれのコードで行われる処理が読みやすくなります。

ここで用いている変数は、「mtime」です。これらのコードの意味を簡単に述べると、1つ目の行にある「=」の右側に処理内容があり、それが「=」の左側にある変数「mtime」に収められるイメージです。

それぞれの変数については、あとで基礎的なことから説明していきますので、現時点では、「1行だと長いコードを、変数を使って2行に分けると読みやすく、扱いやすくなる」ということを覚えておけば大丈夫です。

変数の基本を学ぼう

変数とは、値を入れる“箱”のような仕組みです（図5-5-1）。ここで言う値とはデータのことで、具体的には数値や文字列、日付データなどになります。

変数という“箱”には名前を付けて使います。“箱”に名前を付けると、以降、その名前を入力すれば、“箱”を使うことができます。なぜ名前を付けるかというと、変数はプログラムの中で複数同時に使えるようになっており、その際に1つ1つの変数を区別するためです。変数の名前のことは一般的に「変数名」と呼びます。

変数を使うには、変数を用意し、値を入れるコードを記

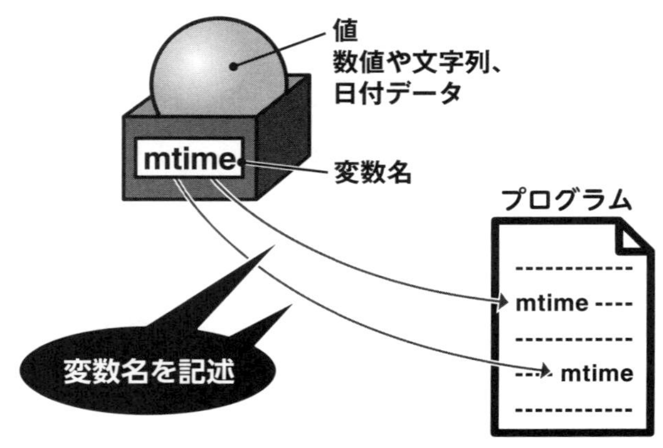

図5-5-1　変数とは値を入れる“箱”のような仕組み

述します。書式は次のとおりです。

書　式

```
変数名 = 値
```

この１行のコードで変数を用意し、値を入れるまでの処理をまとめて一度にできます。値を入れる処理は一般的に「代入」と呼びます。

では、上記書式を細かく解説していきます。変数名は基本的に半角英数字を使って、任意の名前を付けられます。ただし、変数名の付け方にはルールがあり、ルールに沿わない名前を付けると、エラーとなります。そのルールについては、124ページのコラムで紹介します。

変数名に続けて半角スペースを記述したあと、「=」を記述します。「=」は代入を行うための演算子です。「=」の右辺にある値が左辺に代入されます。

演算子とは、代入などの演算を行うための仕組みです。他にも文字列の連結や数値の計算や比較など、さまざまな種類の演算子があります。こうした演算子は、このあといくつか登場します。

「=」の後ろには半角スペースを挟み、代入する値（データ）を記述します。

たとえば、「val」*という名前の変数を用意し、その変数に数値の５を代入する場合、コードは次のように記述します。

*「value」(値)を省略したものです。変数名は、代入されている中身がわかりやすいものにするのが基本です。

コード

```
val = 5
```

値「5」を代入した変数「val」は、以降のコードで変数名「val」を記述することで、中に入っている値「5」を処理に使えるようになります。たとえば、print関数の引数に変数名「val」を使って次のコードを入力すると、変数valに入っている値「5」を出力できることになります。

コード

```
print(val)
```

ここで示した例は、次項でIPythonコンソールを使って体験してもらいます。

なお、変数名では、アルファベットの大文字小文字が区別されます（**3.1節**で紹介した5つの原則の4つ目に該当します）。代入時に記述した変数名のアルファベットの大文字小文字と同じままでないと、正しく使えません。名前は同じでも、大文字小文字が異なっていると、別の変数と見なされてしまい、エラーになります。先ほど例にした変数名「val」の場合、print関数の引数に「VAL」や「Val」などと入力しないように注意が必要です。

さらに、変数は一度代入した値を、同じ処理の中で別の値に変えて（変数名は同じまま）使うことができます。別の値を代入するときは、「同じ変数名 = 別の値」という

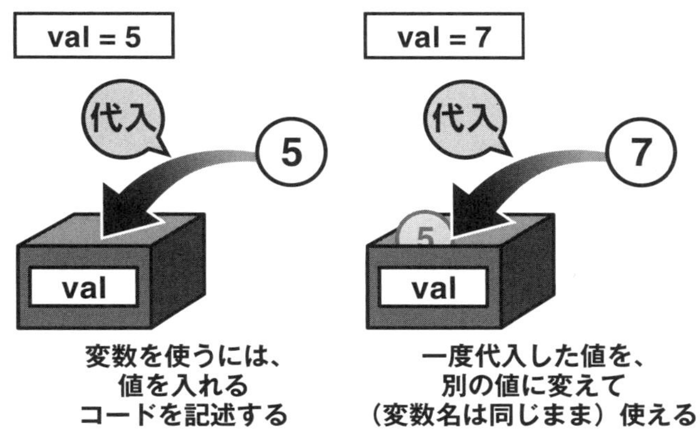

図5-5-2　変数はどのように使えるのか

「=」の前後の半角スペースについて

書式の説明のところでは、「変数名 = 値」のところで=演算子の前後に半角スペースを入れています。実は、Pythonの文法上は、ここに半角スペースを入れなくても問題ありません。半角スペースは、プログラムの実行時には無視されるからです。

本書では、コードを見た際に、どこまでが変数名で、どこからが演算子で、どこからが値なのかをより区別しやすくするために、半角スペースを入れています。次節以降、いくつか他の種類の演算子が登場しますが、いずれも上述の理由から、前後に半角スペースを入れます。

コードを入力します。これについては、次項でIPythonコンソールを用い、簡単な例を練習します。

同じ変数名のまま、別の値に変えながら使うことで、複雑な処理を作れます。具体的な使い方は、9章で解説します。

以上が変数の基礎です。まとめると以下になります。

Point

・変数とは、値を入れる"箱"
・値を入れるには「変数名 = 値」と記述
・変数名を書くことで中の値を使える
・処理の流れの中で値を変えながら使える

変数名のルール

Pythonでは、以下のような変数名を付けるとエラーになります。

・既存の変数と同じ名前
・先頭の1文字目が数字
・「_」(アンダースコア)以外の記号が使われている
・「if」など、Pythonの構文で使う語句と全く同じ

4つ目にあげた「構文」や「if」については次章で解説します。

IPythonコンソールで変数を体験しよう

それでは、先ほど説明に用いた変数の例を使って、IPythonコンソールで体験してみましょう。まずは、「val」という名前の変数に、数値の5を代入します。以下のコードをIPythonコンソールに入力し、[Enter] キーを押してください。

IPythonコンソール

```
val = 5
```

これで変数valが用意され、数値の5が代入されました。確認してみましょう。

前項で紹介しましたが、変数に代入されている値は、変数名を記述すれば使えます。ここでは、値を画面に出力して確認します。print関数の引数に、変数名の「val」を指定すると考えればよいことになります。

ここで思い出していただきたいのが、**5.3節**の「print関数なしでも、取得したデータを出力できる」（109ページ）のところで紹介したIPythonコンソールの便利な機能です。そこでは、print関数を入力せずに、os.path.getmtime関数で取得したデータを出力しました。変数に代入した値の出力にも、同じ方法が使えるのです。

つまり、変数名だけを入力すれば、その変数の値を出力できます。では、「val」とだけ入力し、[Enter] キーを押してください。すると、変数valに代入されている数値の5が出力されます。

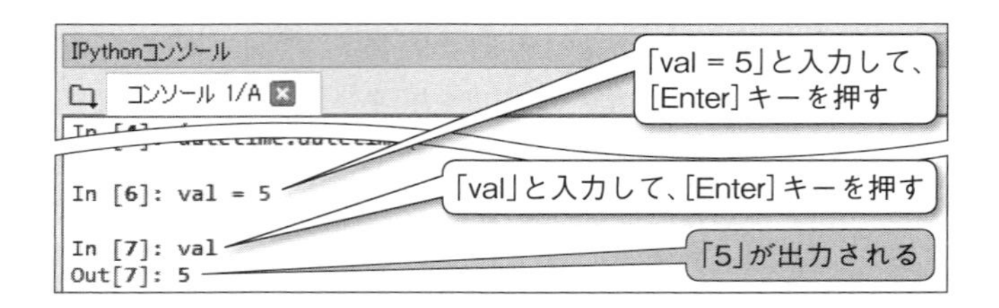

前項では、変数は同じ処理の中で別の値に変更できる（変数名は同じまま）ことを紹介しました。それを試すため、現時点では5が代入されている変数valの値を変更してみましょう。次のように数値の7を代入するコードを入力し、［Enter］キーを押してください。

IPythonコンソール

```
val = 7
```

これで変数valの値が5から7に変更されました。変数名の「val」だけを入力して値を出力すると、変更されたことが確認できます。

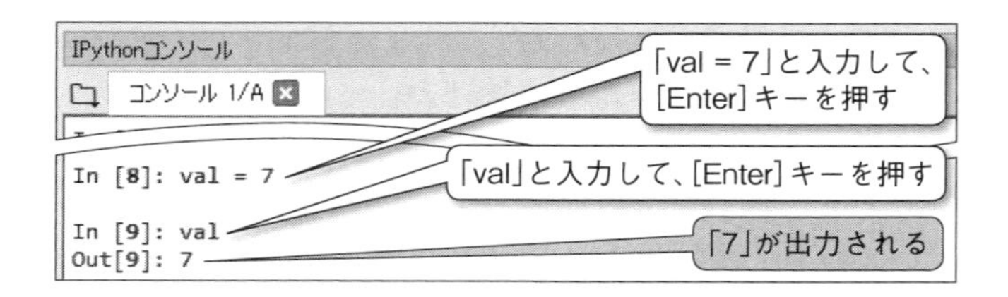

IPythonコンソールを用いた変数の体験は以上です。「変数」と聞くと、なんとなくややこしい仕組みを想像していたかもしれませんが、今回IPythonコンソールで体験したことがベースとなります。練習では、単に数値を代入しただけですが、実際の用途では、さまざまなデータを変数に代入し、処理の流れの中で適宜別の値を代入して変更していきます。

次項からは、本節冒頭の「1行が長いコードを見やすくしよう」(118ページ)で少し紹介したように、2つの変数を使って、1行が長いコードを2つに分割する方法を説明します。その際に必要な考え方は、ここまで体験しながら学んだことと同じですから、安心してください。

変数を使って、2つのコードに分割するには

前節では、001.jpgの更新日を秒単位のデータで取得し、日付データに変換する処理を実行する以下のコードを学びました。また、実際にIPythonコンソールに入力、実行し、意図どおりの日付データとなることを確認しました(115ページ)。

コード

```
datetime.datetime.fromtimestamp(os.path.getmtime('photo/001.jpg'))
```

このコードを、変数を使って2つに分割する方法を考えてみます。本節冒頭の「1行が長いコードを見やすくしよ

う」（118ページ）では、コードの見やすさや扱いやすさを示す目的で、変数を使って2つに分割するコードを示しました。目指すコードは、その際示したものと同じですが、今回は、変数の使い方という点を中心に説明します。

前ページのコードで実行できる処理は、「更新日を秒単位のデータで取得する処理」と「秒単位のデータを日付データに変換する処理」の2つでした。ここで注目するのは、2つの処理両方で扱われる「秒単位のデータ」です。このデータを変数に代入しておけば、あとで日付データに変換する際、その変数名を指定するだけで済みます。

「秒単位のデータ」は、「os.path.getmtime('photo/001.jpg')」という関数のコードで、戻り値として取得できるのでした（101ページ）。このコードを、変数に代入することになります。

変数の基礎を説明した際、「変数に代入するのはデータ（値）」と述べましたが（120～121ページ）、データ（値）そのものでなく、今回のような関数のコードを＝演算子の右辺に記述すれば代入することもできます。

関数のコードを代入することは、その関数の戻り値が代入されることになります。戻り値は**5.2節**で学んだように、関数を実行した結果として得られる値でした（99ページ）。関数のコード（関数の戻り値）を変数に代入しておくと、以降、再びその関数のコードを記述する必要がある際、コード全体の代わりに変数名を記述するだけで済むので、記述を短くできるのです。そのため変数には、関数のコード（戻り値）を代入するケースが多いと覚えておきましょう。以上から、変数を使って分割するコードの内容は、それぞれ以下のようになることがわかります。

・「更新日を秒単位のデータで取得する処理」を変数に代入するコード
・「変数の中身」を日付データに変換するコード

次項からは、それぞれのコードをIPythonコンソールを用いて入力し、実行結果を確認します。その後、sample1.pyのコードを書き換えます。

IPythonコンソールで、変数に代入するコードを試す

まずは、「更新日を秒単位のデータで取得する処理」を変数に代入するコードから、IPythonコンソールで試してみましょう。

なお、IPythonコンソールでコードを試すときは、使用前に、.pyファイルで一度は処理が実行されている必要があります。理由は、108〜109ページで説明したとおり、IPythonコンソールが、処理対象のファイルやフォルダーの場所を見つけられていないと、コードの内容を実行できなくなるためです。

すでに紹介したとおり、変数名はルール（124ページのコラム）を守れば任意のものを使えます。ここでは、「mtime」とします（この変数名の由来は、本節末のコラムで紹介します)。更新日の秒単位のデータを、変数mtimeに代入するコードは以下になります。変数mtime

にos.path.getmtime関数の戻り値を代入するコードです。

IPythonコンソール

```
mtime = os.path.getmtime('photo/001.jpg')
```

変数への代入では、=演算子の右辺に数値や文字列を直接記述する以外に、上記のように関数を記述することもできます。このコードを実行すると、その関数が実行されたあと、その戻り値が変数に代入されます。なお、os.pathモジュールは、すでにosモジュールをimport済みなので(98ページ)、getmtime関数を使う前に読み込む必要はありません。

では、このコードをIPythonコンソールに入力し、[Enter] キーを押して実行してください。続けて、001.jpgの更新日の秒単位のデータが取得され、変数mtimeに代入されたことを確認するため、変数名「mtime」と入力し、[Enter] キーを押すと、変数mtimeの値として、秒単位のデータが出力されます。

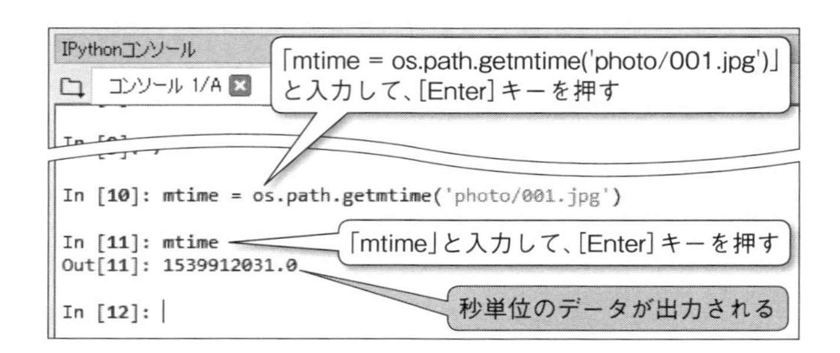

変数「mtime」に、意図したとおりのデータが代入できていることを確認できたことになります。

IPythonコンソールで、変数を使うコードを試す

次は、変数の中身を日付データに変換するコードを試してみましょう。変数mtimeを、前節で学んだdatetime.datetime.fromtimestampの引数に指定します。datetime.datetime.fromtimestamp関数の引数に、変数mtimeを指定したかたちのコードです。

```
datetime.datetime.fromtimestamp(mtime)
```

datetimeモジュールは、まだsample1.pyに読み込まれていません。そこで、まずはIPythonコンソールに「import datetime」を入力して［Enter］キーを押して、読み込みます。そのあと、上記のコードを入力して、［Enter］キーを押します。

すると、実行結果として「datetime.datetime(2018, 10, 19, 10, 20, 31)」が出力されます。これは、前節で実行したものと同じで（115ページ）、001.jpgの更新日の秒単位のデータが日付データに変換された結果です。

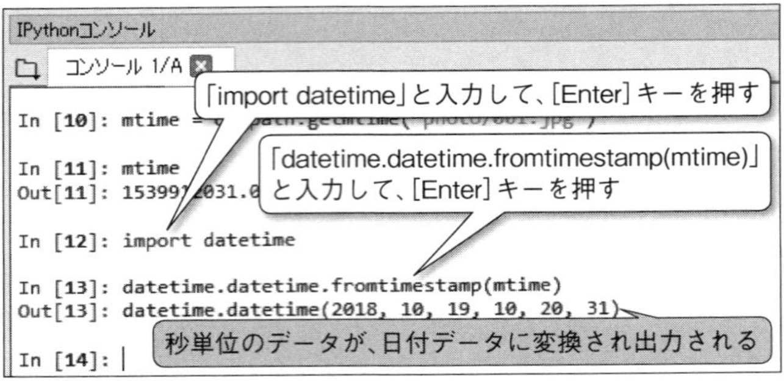

```
IPythonコンソール
コンソール 1/A

In [10]: mtime =

In [11]: mtime
Out[11]: 1539912031.0

In [12]: import datetime

In [13]: datetime.datetime.fromtimestamp(mtime)
Out[13]: datetime.datetime(2018, 10, 19, 10, 20, 31)

In [14]:
```

「import datetime」と入力して、[Enter] キーを押す

「datetime.datetime.fromtimestamp(mtime)」と入力して、[Enter] キーを押す

秒単位のデータが、日付データに変換され出力される

前項で代入した変数「mtime」が正しく使えることを確認できたことになります。

これで、「変数の中身」を日付データに変換するコードの書き方はわかりました。今度は、このコード全体を、もう１つ別の変数に代入します。

その理由は、日付データに変換したデータのままでは、フォルダー名に使えないからです。本章で最終的に目指す機能は、作成するフォルダー名を西暦年４桁、月２桁、日２桁の計８つの数字が並んだ文字列にすることです。それを実現する処理に「datetime.datetime.fromtimestamp(mtime)」で変換する日付データを使うことになります。このデータを変数に代入しておけば、あとでそのデータが必要なコードを記述する際、変数名だけ記述すれば済みます。

別の変数の名前はmtimeと重複しなければ何でもよいのですが、今回は「dt」とします（この変数名の由来は、本節末のコラムで紹介します)。すると、コードは以下になります。変数dtにdatetime.datetime.fromtimestamp関数の戻り値を代入するコードです。

IPythonコンソール

```
dt = datetime.datetime.fromtimestamp(mtime)
```

このコードを、IPythonコンソールに入力して、［Enter］キーを押して実行します。データが変数に代入されるので、それを確認するため、変数「dt」を入力して、［Enter］キーを押します。

すると実行結果として、先ほどと同じ「datetime.datetime(2018, 10, 19, 10, 20, 31)」が出力されます。

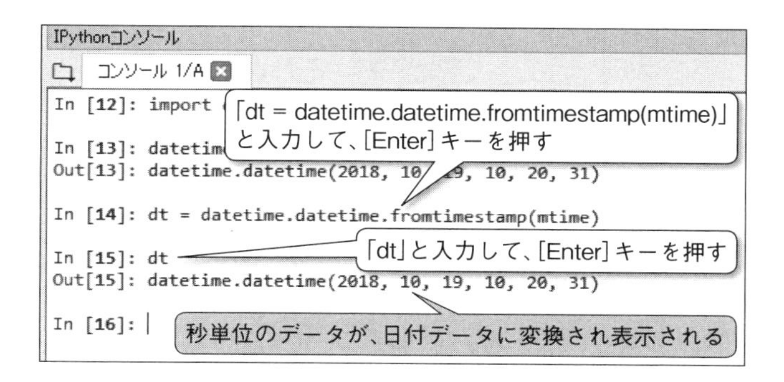

変数を使った2つのコードで、.pyファイルを書き換える

前項までで、2つの変数を用いる次のコードを正しく実行できることが確認できました。

```
mtime = os.path.getmtime('photo/001.jpg')
dt = datetime.datetime.fromtimestamp(mtime)
```

これらのコードで、sample1.pyを書き換えます。

sample1.pyは、**5.2節**で001.jpgの更新日を秒単位のデータで取得し、それをprint関数で出力するコードを入力したところで中断したことになっています（103ページ）。ここでは、そのコードを前述の2つのコードで書き換えることになります。また、datetimeモジュールのimport文「import datetime」を追加する必要があります。

コード 変更前

```
8 import os
9 import shutil
10
11 print(os.path.getmtime('photo/001.jpg'))
12 os.mkdir('photo/hoge')
13 shutil.move('photo/001.jpg', 'photo/hoge')
```

▼

コード 変更後

```
8 import os
9 import shutil
```

```
10 import datetime
11
12 mtime = os.path.getmtime('photo/001.jpg')
13 dt = datetime.datetime.fromtimestamp(mtime)
14 os.mkdir('photo/hoge')
15 shutil.move('photo/001.jpg', 'photo/hoge')
```

追加（10行目）
変更（12〜13行目）

追加したら動作確認しましょう。Spyderのツールバーにある▶（[ファイルを実行]）ボタンをクリックしてsample1.pyを実行したら、日付データに変換した結果を確認するため、IPythonコンソールに「dt」と入力し［Enter］キーを押してください。

すると、変数dtの値として、「datetime.datetime(2018, 10, 19, 10, 20, 31)」と出力されます。これは変数dtの値（001.jpgの更新日の秒単位のデータ）が、日付データの形式に変換されたものです。

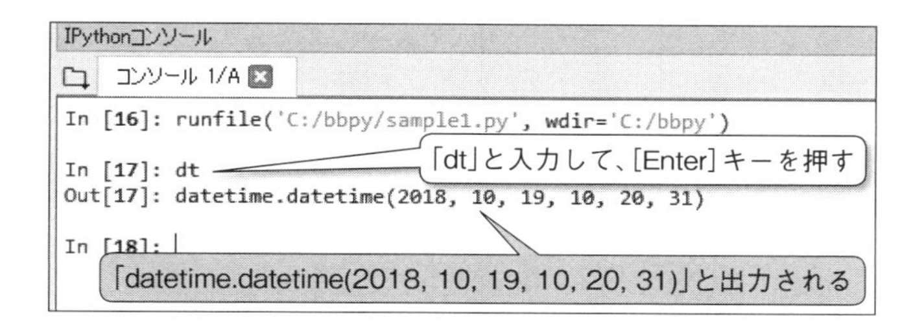

これで、001.jpgの更新日を日付データとして取得する

処理まで作成できました。この段階では、作成されるフォルダー名はまだ「hoge」のままです。次節にて、001.jpgの更新日を名前にしたフォルダーで作成されるように、コードを追加します。

これまで同様、sample1.pyファイルを実行したあとは、

わかりやすい変数名を付けよう

変数名は、124ページで紹介したルールに反しないものであれば、任意のものを使えると紹介しました。「任意のもの」という中でも、以下の2点を基準に検討するのが理想的です。

・どのようなデータが代入され、どのような用途なのかなどがわかりやすい
・できるだけ少ない字数でコンパクトに（あまり長い変数名は扱いづらくなる）

本節で用いた2つの変数名は筆者が考えたものですが、参考までに、それぞれの由来を紹介します。
「mtime」……コンピューターの世界でよく用いられる更新日時の略語である「mtime」をそのまま使用
「dt」……datetimeを略して使用（datetimeは、日付を扱う際に用いる日付オブジェクトという概念の厳密な呼ばれ方である「datetimeオブジェクト」より）

「photo」フォルダーの中を元の状態に戻してください（66ページの図4-1-3）。

5.6 ファイルの更新日が名前のフォルダーを作成しよう

本節では、前節で取得できるようになった日付データを「西暦年４桁、月２桁、日２桁」の形式の文字列に変換するコードを、作例１のプログラムであるsample1.pyに追加します。これによって、本章で取り組んできた「001.jpgの更新日が名前のフォルダーを作成する機能」を完成させます。

フォルダーを作成する機能をどう書き換えるか

まず、**4.1節**で記述して以来保留しているフォルダーを作成するコードの現状をおさらいしましょう。コードは「os.mkdir('photo/hoge')」となっています。フォルダーを作成するos.mkdir関数を使い、「()」内の引数は、作成するフォルダーの場所と名前を文字列として指定しています。

フォルダー名の「hoge」は暫定的なもので、名前を文字列として直接指定していました。本節では、この部分を001.jpgの更新日から取得できるように書き換えます。

次に、本章で学んできたコードの確認です。前節までで、001.jpgの更新日を日付データとして取得できるコードを学び、さらにそのコードを、変数を用いて以下の２行に分けて入力しています。

```
mtime = os.path.getmtime('photo/001.jpg')
dt = datetime.datetime.fromtimestamp(mtime)
```

念のため２つのコードの意味を大まかに述べると、「photoフォルダー内にある001.jpgの更新日を秒単位のデータで取得し、変数mtimeに代入」と「変数mtimeの中身を日付データに変換し、変数dtに代入」です。

フォルダー名に必要となる日付データが、変数dtに代入されていることになります（図5-6-1）。このことか

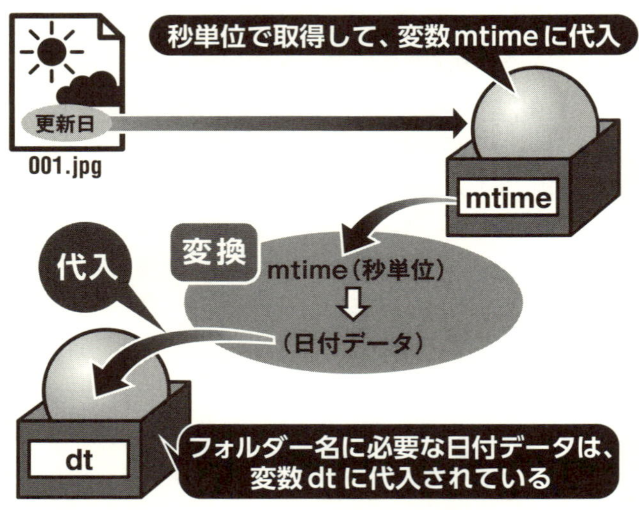

図5-6-1　現時点では、フォルダー名に必要となる日付データが、変数dtに代入されている

ら、これまで「hoge」と指定していた部分を変数dtの値にすれば済むと考えたいところですが、それはできません。変数dtに代入されているデータは、日付データですが、フォルダーを作成するos.mkdir関数の「()」内の引数は、文字列として指定しなければならないからです。

日付データを文字列に変換するには

変数dtに代入されている日付データは、「datetime.datetime(年, 月, 日, 時, 分, 秒)」の形式となっていました（135ページ）。本節では、この日付データを「西暦年4桁、月2桁、日2桁」（月と日は1桁なら頭に0を付けます）の形式の文字列に変換するコードを入力します。

「年, 月, 日, 時, 分, 秒」のそれぞれは数字です。前節でIPythonコンソールで試した際は、「2018, 10, 19, 10, 20, 31」となっていました。

これらも文字列に見えるので、「ここで必要な処理にそのまま使えるのでは」と考えたくなるかもしれません。しかし、それぞれの数字を区切る「,」が数字と一体となっていることで、日付データの形式で扱われます。人間の目で判断する文字列ではないのだ、と考えるようにしてください。

日付データを文字列に変換するには、関数を使います。**5.4節**で、秒単位のデータを日付データに変換する際も関数を使いましたが（113ページ）、今回はそのときとは別の関数を使います。

日付データを文字列に変換するには、datetimeモジュールに含まれる「strftime」関数を用います。関数名「strftime」の由来は、「str」は文字列を意味する「string」、「f」は整形を意味する「format」、「time」はそのまま日付・時刻になります。書式は次のとおりです。

書　式

```
日付データ.strftime(形式)
```

注目していただきたいのは、これまで登場した関数とは違い、関数名「strftime」の前はモジュール名ではなく、日付データを指定する点です。もし日付データが変数に代入されているなら、その変数名を指定します。この違いには、「オブジェクト」と「メソッド」という概念が関係します。少々難しい話になるので、本節末で解説します。今の時点では、「strftime関数は、関数名の前にある『.』の前にモジュール名ではなく、日付データを記述するよう決められている」とだけ認識していればOKです。

引数には、変換したい形式を文字列として指定します。日付データは、いろいろな形式の文字列に変換できます。今回は「西暦年４桁、月２桁、日２桁」の形式にしますが、他に「西暦年下２桁、月２桁、日２桁」や「西暦年４桁、月の略称、日２桁」(月の略称とは、たとえば11月を「Nov」にするなどです)、年月日に時刻を加えた形式などがあります。形式は、次表にまとめてあるような記号を組み合わせて指定します。

表5-6-1　日付データを文字列に変換する際の主な表示形式

記号	形式
%Y	4桁の西暦年
%y	下2桁の西暦年
%m	2桁の月（1桁の月なら頭に0が付く）
%d	2桁の日（1桁の日なら頭に0が付く）

上記の記号を使って、今回目的としている「西暦年4桁、月2桁、日2桁」（月と日は1桁なら頭に0を付けます）の形式を表すと、「%Y%m%d」となります。

strftime関数の基本的な使い方の説明は以上です。

では、sample1.pyに実際記述するコードを考えていきましょう。001.jpgの更新日の日付データは変数dtに代入されていますから、前述の書式の「日付データ」の部分には、変数dtを指定すればよいことになります。

引数に指定する変換後の文字列の形式は、今回「西暦年4桁、月2桁、日2桁」です。その形式は表5-6-1に従えば、記号を用いて「%Y%m%d」とすればよいとわかります。引数に指定するのは文字列ですから、これまで何度か紹介してきた5つの原則のうちの5つ目（47ページ）と同じく、ここも「'」で囲みます。

以上を踏まえると、本節で入力する日付データを文字列に変換するコードは以下になります。

IPythonコンソール

```
dt.strftime('%Y%m%d')
```

このコードをIPythonコンソールで試しに実行してみましょう。IPythonコンソールの実行結果を正しく表示させるのに必要な条件については、108〜109ページで紹介していますので、必要に応じてお読みください。また、datetimeモジュールを読み込んでいない状態であれば、先に「import datetime」を入力して、実行しておいてください。

コードを入力して［Enter］キーを押すと、「'20181019'」と出力されます。日付データとして取得していた「2018, 10, 19, 10, 20, 31」から、時、分、秒が省略され、フォルダー名に使いたい「西暦年4桁、月2桁、日2桁」の形式になっていることを確認できたことになります。

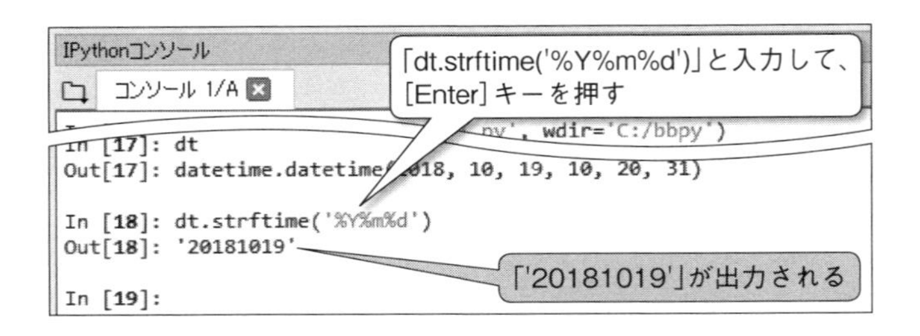

なお、IPythonコンソールの実行結果が文字列の場合、今回のように「'」で囲まれた形式で出力されます。これ

で、001.jpgの更新日が、目的の形式の文字列に変換されていることを確認できました。

以上で、変数dtに代入されている日付データを目的の形式の文字列に変換する処理を作れました。残すは、この文字列を、作成するフォルダーの名前に用いる際、必要な処理です。

そこで思い出さねばならないのが、**4.1節**で「hoge」フォルダーを作成するコードで指定した引数の内容です。フォルダー名だけでなく、フォルダーを作成する場所をパスとして、フォルダーの名前に指定していました（71～74ページ）。次項では、この点も確認しながら、フォルダー名の記述をどう書き換えるのか説明します。

フォルダーを作成する関数の引数をどう書き換えるか

フォルダーを作成するコードは、**4.1節**で入力した「os.mkdir('photo/hoge')」のままです。この状態で実行すると、「photo」フォルダー内に「hoge」という名前のフォルダーが作成されます。これを、dt変数に代入されている処理の結果（データ）が名前のフォルダーが作成されるように書き換えることになります。

それに備えて確認する必要があるのが、「'photo/hoge'」の部分です。**4.1節**で説明しましたが、この記述は、作成するフォルダー名の前に、フォルダーを作成する場所のパスが付いています（71～74ページ）。

パスは、フォルダーの場所を表す文字列で、「photo/」とすることで、「photo」フォルダー内を場所として指定しています。フォルダー名の「hoge」も文字列のため、「photo/hoge」は「'」で囲んで指定しています。

今回の書き換えでは、パスの部分は引き続き文字列で指定します。作成するフォルダー名は変わりますが、フォルダーを作成する場所は、**4.1節**のときと変わらないからです。

少しややこしいのが、「hoge」の部分です。ここは、dt変数を使った処理の結果（日付データが文字列に変換されたもの）の「dt.strftime('%Y%m%d')」（142ページ）に書き換えればよさそうなことは、ここまでの説明を読んだ方なら予想できるでしょう。

その際に注意したいのが、「hoge」のときと同じように文字列として指定してはいけないことです。前述のパスの部分と一緒に「'」で囲んで「'photo/dt.strftime('%Y%m%d')'」と記述してしまうと、誤ったコードになってしまいます。

その理由は、「dt.strftime('%Y%m%d')」のコード自体が、文字列として指定されてしまうためです。この記述で実行すると、「dt.strftime('%Y%m%d')」が名前のフォルダーが作成されてしまうことになります。

本章で目指すフォルダー名は、「20181019」のように、「西暦年4桁、月2桁、日2桁」という形式の文字列です。コード自体を文字列と指定するのではなく、コード「dt.strftime('%Y%m%d')」の処理結果の値（strftime関数の戻り値）となるように、このコードの部分は「'」で囲まないようにする必要があります。

ここまでの説明から、「'photo/'」（パスの文字列）と「dt.strftime('%Y%m%d')」（strftime関数の戻り値）が続いた形式の文字列になるようなコードを記述することになります。

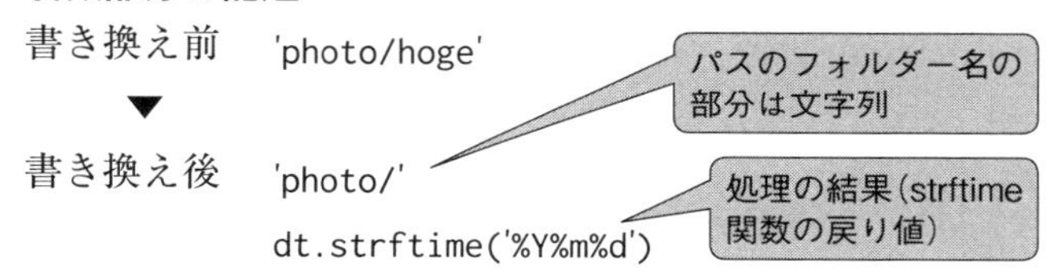

引数に、パスの文字列「photo/」とstrftime関数の戻り値を続けて記述したいときは、２つを連結する演算子の記号を、間に記述します。演算子は、さまざまな演算を行うための記号で、前節で変数に値を代入する=演算子を紹介しました。今回、連結に用いるのは+演算子です。

+演算子の書式は次のとおりです。

書　式

```
文字列1 + 文字列2
```

３つ以上の文字列も、「+」を追加して同様に記述すれば連結できます。

IPythonコンソールで+演算子を試してみよう

ここではまず、簡単な例を使って、+演算子による文字列の連結をIPythonコンソールで体験してみましょう。練習として、文字列「foo」と文字列「woo」という単なる2つの文字列（sample1.py上のコードとは一切関係のない文字列）を連結することにします。

今回連結する2つはどちらも単なる文字列のため、それぞれを「'」で囲みます。前項で紹介した書式に従えば、コードは以下になります

IPythonコンソール

```
'foo' + 'woo'
```

このコードをIPythonコンソールで実行すると、次の画面のように連結された文字列「foowoo」が「'」に囲まれて出力されます。前項で紹介したとおり、もともと2つだった文字列が、+演算子によって1つの文字列として連結されたことになります。

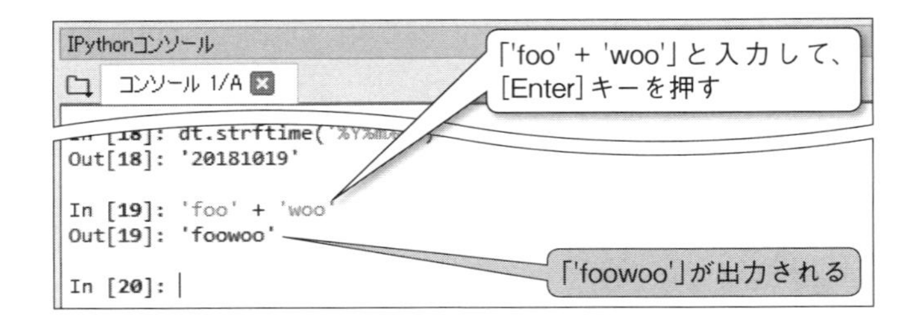

+演算子による文字列の連結の体験は以上です。

IPythonコンソールで、パスと戻り値を連結してみよう

＋演算子で、パスの文字列（「'photo/'」）とstrftime関数の戻り値（「dt.strftime('%Y%m%d')」）を連結すると、「photo／戻り値」である「photo/20181019」という1つの文字列が得られます。その文字列を、os.mkdir関数の引数に指定する、ということになります。

このあと、IPythonコンソールを使って体験します。実際にsample1.py上のコードを書き換えるのは、IPythonコンソールで実行結果を確認したあとになります。

ここでは、2つ前の項「フォルダーを作成する関数の引数をどう書き換えるか」（143ページ）で紹介したパスの文字列「photo/」と、「dt.strftime('%Y%m%d')」の戻り値の文字列を連結するコードを確認します。＋演算子の書式に従い、両者を＋演算子の両辺に記述すれば連結できます。

IPythonコンソール

```
'photo/' + dt.strftime('%Y%m%d')
```

このコードによって、パスの文字列とstrftime関数の戻り値が1つの文字列として連結されます。目的の文字列「photo/西暦年4桁、月2桁、日2桁」が得られるというわけです。

このコードを試しにIPythonコンソールで実行してみましょう。入力の際は、パスの文字列「photo/」の最後の「/」を忘れないよう注意してください。

なお、今回のコードは、前項の文字列の連結の練習とは異なり、sample1.pyが関係します。そのため、IPythonコンソールの実行結果を正しく表示させるのに必要な条件（108〜109ページ）を確認しておきましょう。

コードを入力して［Enter］キーを押して実行すると、次の画面のように意図どおりの文字列「photo/20181019」が、「'」に囲まれた形式で出力されます。

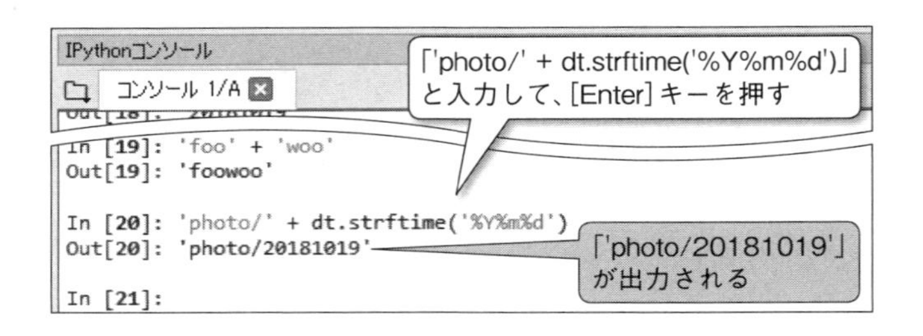

次項では、このコードを用いてsample1.pyを書き換えます。

フォルダーを作成する関数の引数を書き換える

「'photo/' + dt.strftime('%Y%m%d')」を、os.mkdir関数の引数のカッコ内にそのまま記述してもよいのですが、このコード自体を変数に代入しておくと、コードの見やすさや、扱いやすさにつながります。そこで、変数に代入するコードを追加し、その変数をos.mkdir関数の引数として記述することにします。

今回「'photo/' + dt.strftime('%Y%m%d')」を代入する変

数名は、「dpath」とします。「dpath」は、ファイルの場所を意味するパスの「path」に、「移動先」とほぼ同義の「目的地」の英語「destination」の先頭1文字「d」を冒頭に追加したものです。代入するコードにはパスが含まれるので、それを連想させる変数名を付けています。

変数dpathに、目的の文字列を代入するコードは以下になります。

コード

```
dpath = 'photo/' + dt.strftime('%Y%m%d')
```

これで変数dpathに文字列「photo/20181019」が代入されるようになります。

このコードを、前節で入力した、日付データに変換してdt変数に代入したコード（135ページの行番号13）の下に追加します。そして、この変数dpathでos.mkdir関数の引数を書き換えます。これで、001.jpgの更新日が名前のフォルダーを作成する処理が行えることになります。

これまで暫定的にフォルダー名としていた「hoge」は、この段階で不要となりますが、最後の行にもう1ヵ所「hoge」が残っています。001.jpgをフォルダーに移動するshutil.move関数のコードの中です。その関数の第2引数で、「'photo/hoge'」と指定したままですので、ここも今回書き換えるmkdir関数の引数と同じようにします。

先ほど紹介したように、「'photo/' + dt.strftime('%Y%m%d')」は、変数dpathに代入しますから、shutil.move関数

の第２引数も変数dpathに書き換えればよいのです。このように何度も同じ処理内容を記述するところに変数を用いるのは、プログラミングでは常套（じょうとう）手段のひとつです。

以上を踏まえ、コードを次のように追加・変更してください。「dpath = 'photo/' + dt.strftime('%Y%m%d')」を追加し、かつ、２ヵ所ある「'photo/hoge'」を「dpath」に変更することになります。

コード　変更前

```
 8 import os
 9 import shutil
10 import datetime
11
12 mtime = os.path.getmtime('photo/001.jpg')
13 dt = datetime.datetime.fromtimestamp(mtime)
14 os.mkdir('photo/hoge')
15 shutil.move('photo/001.jpg', 'photo/hoge')
```

▼

コード　変更後

```
 8 import os
 9 import shutil
10 import datetime
11
```

```
12 mtime = os.path.getmtime('photo/001.jpg')
13 dt = datetime.datetime.fromtimestamp(mtime)
14 dpath = 'photo/' + dt.strftime('%Y%m%d')    ← 追加
15 os.mkdir(dpath)                            ← 変更
16 shutil.move('photo/001.jpg', dpath)         ← 変更
```

Spyderのツールバーにある▶（[ファイルを実行]）ボタンをクリックしてsample1.pyを実行すると、「photo」フォルダーの中に「20181019」という名前でフォルダーが作成されます。このフォルダー名は、これまでのように暫定的な「hoge」ではなく、001.jpgの更新日である2018年10月19日が「西暦年4桁、月2桁、日2桁」の形式になっていることが確認できます（図5-6-2）。

また、ここでは画面を示しませんが、「photo」フォルダー内にあった001.jpgは、作成された「20181019」の中

図5-6-2　sample1.py実行後の「photo」フォルダー内の様子

に移動されています。

これで、「photo」フォルダー内に、001.jpgの更新日が名前となるフォルダー（フォルダー名の形式は、「西暦年4桁、月2桁、日2桁」）を作成できるようになりました。

sample1.pyを実行しましたが、今回はこれまでのように「photo」フォルダーの中を元の状態に戻さず、この状態のままにしておいてください。次章で学ぶ処理は、この状態になっているほうが都合がよいからです。

「オブジェクト」と「メソッド」について

本節のはじめのほうにある「日付データを文字列に変換するには」で紹介したstrftime関数は、関数名「strftime」の前に、モジュール名ではなく日付データを指定していました（140ページ）。その理由を「オブジェクト」と「メソッド」という概念を用いて説明します。

「オブジェクト」と「メソッド」は、Pythonに不慣れなうちは、なかなか明確に理解しにくい概念です。理解できていなくても、本書でこれ以降紹介するプログラムを記述して、作例1～3を作成できます。この先、Pythonを学ぶにつれ、徐々にわかってくるものとして、気楽に構えて本項をお読みください。

strftime関数は、関数の前に入る「.」の前にモジュール名を指定する関数（たとえば、os.mkdir関数など）とは、種類が異なります。日付データが備えている専用の関数で、必ず日付データとセットで使います（単独で使うことはありません）。Pythonでは、strftime関数のように、データとそのデータ専用の関数をセットで使う場合が多々あります。そうしたセットのことは「オブジェクト」と呼びます。そして、専用の関数のことは「メソッド」と呼びます（図5-6-3）。
「オブジェクト」は、前述のとおり、データとそのデータ専用の関数である「メソッド」でひとつのセットとする概念です。「データ」にはこれまで登場した数値や文字列のみの形態もあるため、「オブジェクト」という概念はなかなかつかみにくく見えるかもしれません。
「メソッド」は、「あるまとまった処理を行う機能」という点で、関数（関数名の前にモジュール名を指定するもの）と共通しています。異なるのは、以下の２点です。

・必ずオブジェクトとセットで使う
・記述の際はメソッド名の前に入る「.」の前にオブジェクトを指定する

上記の２点目を少し補足します。メソッドでは、同じメ

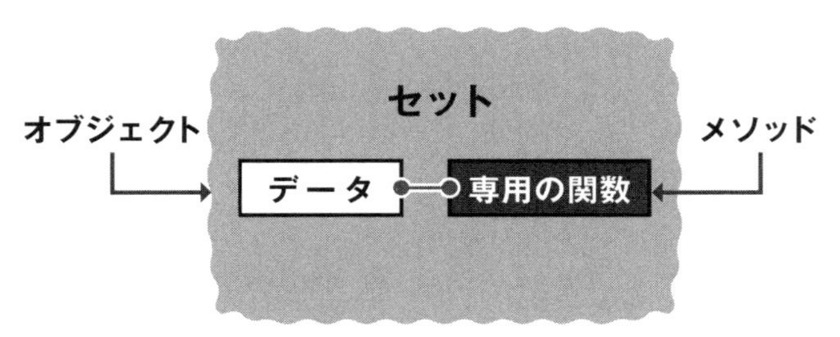

図5-6-3　オブジェクトとメソッド

ソッドでも目的によって「.」の前に指定するオブジェクトが異なります。また、オブジェクトにはさまざまなデータや処理が含まれ、それらが変数に代入され、オブジェクトとして扱われるケースが多いため、いろいろな変数名で指定されることも多いです。

それに対して、関数（関数名の前にモジュール名を指定するもの）では、使う関数が属するモジュール名を必ず指定します。モジュール名は決められている同じ名前を毎回記述する必要があります。一方、オブジェクトを代入して使う変数は名前を自由に付けられるため、同じ名前を記述しない点が違いです。

以下、本章で扱った例で使われていたオブジェクトとメソッドについて紹介します。

5.4節では、datetime.datetime.fromtimestamp関数（113ページ）を用いて、秒単位のデータを日付データに変換しました。その変換の結果となった、「datetime.datetime(年, 月, 日, 時, 分, 秒)」という形式は、これまで本書では、誰にでも通じやすい「日付データ」と呼びましたが、Pythonでは「日付のオブジェクト」と呼ばれることになります（年月日だけでなく、時分秒も含むので、厳密に呼ぶと「datetimeオブジェクト」と呼ばれるものです）。

また、「日付のオブジェクト」のセットである「日付データ専用の関数」（140ページ）は、strftime関数でなく、厳密には「strftimeメソッド」と呼ばれることになります。

次章からの解説では、「オブジェクト」と「メソッド」

という用語を用いていきます。現時点でそれらの意味を理解できていなくても、本書を読む上で問題とはなりません。関数とメソッドのコードの書き方の違いだけ把握しておいてください。

どのようなときに関数を使うのか、それともオブジェクト／メソッドを使うのかは、作成したい処理の内容によります。「この処理なら関数を使い、あの処理なら、オブジェクト／メソッドを使う」といった具合にPythonで決められているので、そのルールに従います。そのルールは、今後Pythonを使う中で毎回調べながら慣れていくと、徐々に身についていくはずです。

6章
条件によって実行する処理を使い分けよう

6.1 複数のファイルを処理するうえで、必要となる対処

作例1のプログラムのsample1.pyは前章までに、画像ファイル001.jpgの更新日が名前となるフォルダーを作成し、その中へ001.jpgを移動する処理が完成しています。これらの一連の処理を、他の画像ファイル（002.jpg～009.jpg）にも行えるように、本章から次章にかけてプログラムを発展させていきます。本章では、その中で必要となる「条件分岐」という仕組みについて学びます。

本章で追加する処理について

前章までで作成したプログラムを実行すると、001.jpgの更新日「20181019」が名前のフォルダーが作成され、001.jpgがそのフォルダーの中へ移動します。現時点で、001.jpgに対する処理は完成しています。

次に取り組むのは、001.jpg以外のファイル（002.jpg～009.jpg）にも、同じ処理を自動的に行えるようにする

（プログラムを一度実行すれば、すべてのファイルに対して処理が行えるようにする）ことです（図6-1-1）。その方法を本章から次章にかけて説明します。

複数のファイルに同じ処理を行う方法については、次章で説明します。本章では、複数のファイルに同じ処理を行う状況のとき、必要となる対処について説明します。

作例１では、９つの画像ファイルそれぞれの更新日を名前とするフォルダーを作成しますが、その際考えねばならないのが、ファイルの更新日が同じになる場合です。

更新日が、すでに作成されているフォルダー名と同じ場合、あらたにフォルダーを作成する必要はありません。そういった対処を行うコードは、ここまで紹介していないの

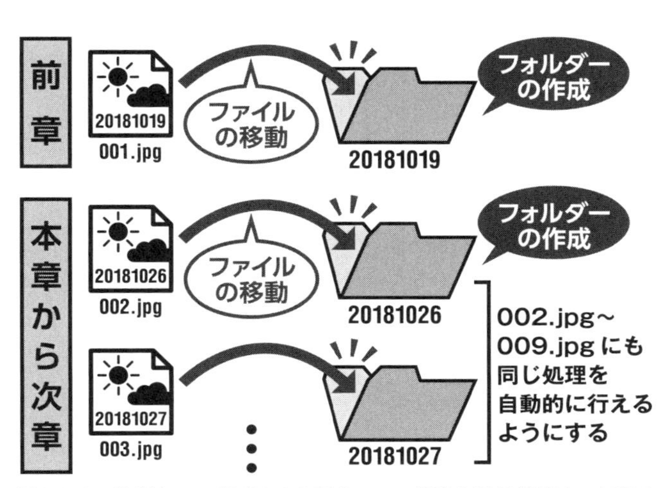

図6-1-1　前章までで完成した001.jpgへの処理と同じ処理を、本章では他のファイルにも自動的に行えるようにする

で、実際にファイルの更新日が同じになる場合、何らかの支障が生じると考えられます。どのようになるのか、次項で確認することにします。

更新日が既存のフォルダー名と同じだと、エラーになる

実際に体験する前に、画像ファイル001.jpg ～ 009.jpgの更新日を確認します。それぞれのファイルの更新日は次のとおりです。

ファイル名	更新日
001.jpg	2018年10月19日
002.jpg	2018年10月26日
003.jpg	2018年10月27日
004.jpg	2018年10月27日
005.jpg	2018年10月27日
006.jpg	2018年10月28日
007.jpg	2018年10月31日
008.jpg	2018年10月31日
009.jpg	2018年11月9日

003.jpgと004.jpg、005.jpgの更新日が同じ2018年10月27日です。また、007.jgと008.jpgも更新日が同じ2018年10月31日です。ファイル名順に処理を行うとすると、003.jpgへの処理のあと、004.jpgへの処理の結果がどうなるのか確認してみましょう。

これからの操作にあたり、sample1.pyが前章末の動作確認（151ページ）を行ったままの状態になっていることを確認しておいてください。つまり、「20181019」という

名前のフォルダーが作成されていて、その中に001.jpgが移動している状態です。

それでは、現状のsample1.py上のファイル名「001.jpg」が記述されている箇所を、002.jpgから順に書き換え、実行を繰り返して試してみましょう。

まずは002.jpgです。プログラムの中で「001.jpg」と記述している箇所は2ヵ所（行番号12と16）あります。これらの「1」の部分だけ「2」に書き換えるなどして、「001.jpg」から「002.jpg」に変更してください。

コード　変更前

```
12 mtime = os.path.getmtime('photo/001.jpg')
13 dt = datetime.datetime.fromtimestamp(mtime)
14 dpath = 'photo/' + dt.strftime('%Y%m%d')
15 os.mkdir(dpath)
16 shutil.move('photo/001.jpg', dpath)
```

▼

コード　変更後

```
12 mtime = os.path.getmtime('photo/002.jpg')   ← 変更
13 dt = datetime.datetime.fromtimestamp(mtime)
14 dpath = 'photo/' + dt.strftime('%Y%m%d')
15 os.mkdir(dpath)
16 shutil.move('photo/002.jpg', dpath)   ← 変更
```

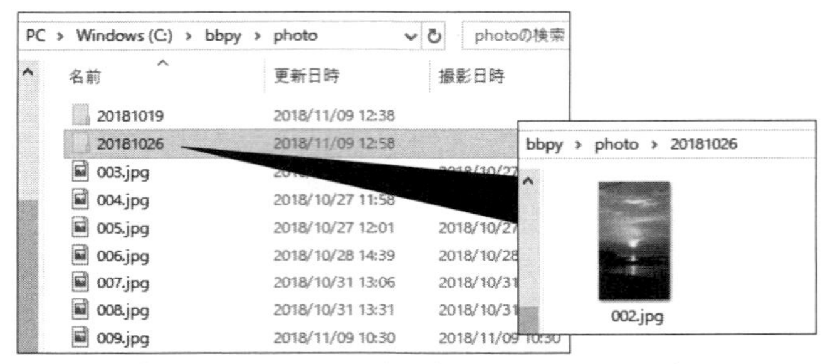

図6-1-2 「20181026」フォルダーが作成され、002.jpgが移動する

変更し終わったら、Spyderのツールバーにある▶（[ファイルの実行]）ボタンで実行してください。すると、002.jpgの更新日が名前のフォルダー「20181026」が作成され、その中へ002.jpgが移動されます（図6-1-2）。

続けて、003.jpgについても同様に、該当の2ヵ所（行番号12と16）を「002.jpg」から「003.jpg」に変更して実行してください。すると、今度は003.jpgの更新日に応じてフォルダー「20181027」が作成され、その中にファイルが移動されます（次ページの図6-1-3）。

次は、158ページの一覧表で003.jpgと更新日が同じであることを確認した004.jpgです。これまでと同様に、該当の2ヵ所（行番号12と16）を「003.jpg」から「004.jpg」に変更して実行してください。

すると今度はフォルダーが作成されず、004.jpgも移動しません。処理が実行されていないようです。SpyderのIPythonコンソールを見ると、「Traceback ～」に続けて、何やら大量のメッセージが表示されています。下にス

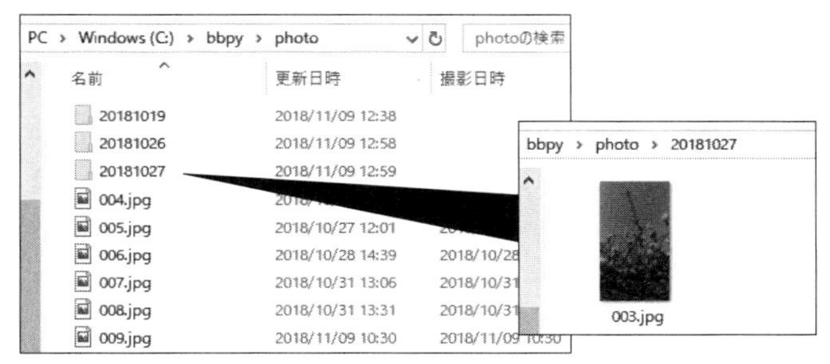

図6-1-3　「20181027」フォルダーが作成され、003.jpgが移動する

クロールして続きを見ると、図6-1-4のように「File ExistsError: [WinError 183] 既に存在するファイルを作成することはできません。: 'photo/20181027'」というメッセージがあり、何かしらのエラーが発生したことがわかります。

「20181027」は003.jpgで作成したフォルダーの名前です。004.jpgの更新日は003.jpgと同じ2018年10月27日であるため、すでに同名のフォルダー「20181027」が存在す

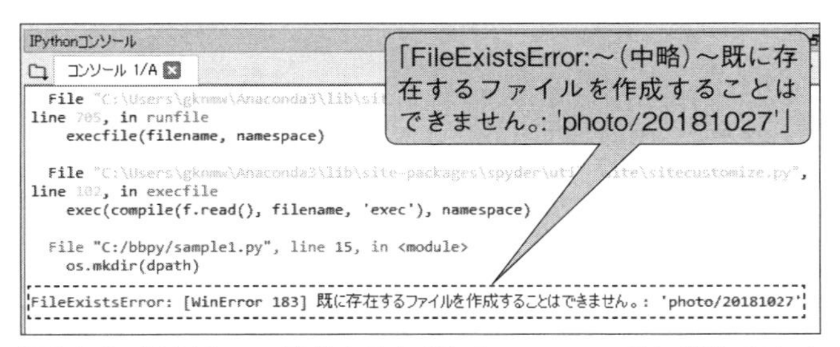

図6-1-4　「004.jpg」で実行すると、IPythonコンソールに「既に存在するファイルを作成することはできません。」と表示される

る状態で、あらたに同じ名前のフォルダーを作成しようとしたのでエラーになったのです。

このエラーが起きたため、プログラムは、フォルダーを作成するos.mkdir関数のコードのところで終了してしまっています。このコード以降のshutil.move関数のコードは実行されていないため、004.jpgも移動されていません。

「条件分岐」で、既存のフォルダー名と同じ場合に行う処理を作る

前述のエラーとなる場合、どのように解決すればよいでしょうか。解決策はいくつか考えられますが、今回は以下とします。

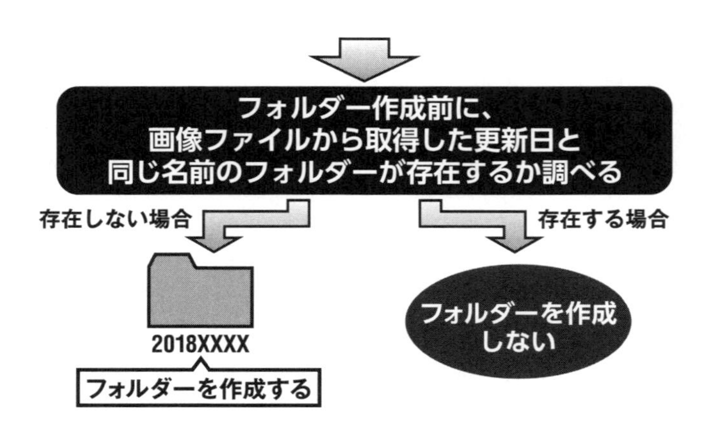

この解決策では、同名のフォルダーが存在するかしないかで、フォルダーを作成する処理を実行するかしないかを

使い分けることになります。いわば「条件によって実行する処理を使い分ける」という考え方です。この考え方の処理をPythonのコードとして記述するには、「条件分岐」という仕組みを使います。

次節では、条件分岐の基礎知識やコードの記述方法を学びます。なお、「photo」フォルダーの中は、元の状態に戻さないまま次節へ進んでください。**6.4節**で動作確認する際にそのまま用います。sample1.pyも、ファイル名部分が004.jpgに書き換えられた状態で保存して構いません。

6.2 条件分岐の基礎を学ぼう

本節では、条件分岐の基礎とコードの記述方法を学びます。あわせて、条件分岐に欠かせない「比較演算子」についても学びます。

条件分岐とは

条件分岐とは、指定した条件が成立する場合と成立しない場合で、異なる処理を実行できる仕組みです（次ページの図6-2-1）。また、条件が成立する場合のみ処理を実行することもできるなど、いくつかのパターンがあります。

たとえば、ある変数の値が10以上なら「りんご」と表示し、そうでなければ（10より小さければ）「みかん」と表示する、といった処理が可能となります。

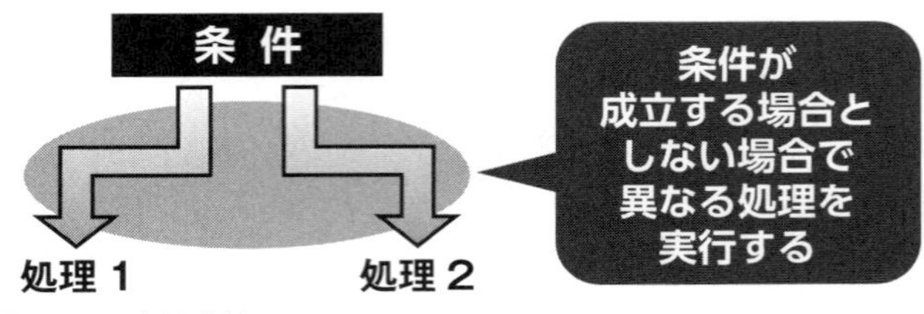

図6-2-1　条件分岐

Point

・条件分岐を使うと、条件が成立する／しないで、異なる処理を実行できる
・条件が成立する場合のみ処理を実行するなど、いくつかのパターンがある

if文の基礎と比較演算子

条件分岐を行うには、「if」という構文がよく使われます。以下、「if文」と呼びます。「構文」とは、処理の流れの制御などを行う仕組みであり、複数行のコードで構成される命令文です。

if文の基本的な書式は次のとおりです。条件が成立する場合のみ処理を実行するパターンになります。

書　式

```
if 条件式:
    処理
```

「if」というキーワードに続けて半角スペースを挟み、条件式を指定します。条件式の後ろには半角の「:」（コロン）を記述します。条件式の書き方は次項であらためて解説します。

その次の行に、インデント（字下げ）したうえで、条件が成立する場合に実行したい処理のコードを記述します。インデントは一般的に、半角スペース4つをコードの先頭に挿入します（2つの場合もあります）。通常は［Tab］キーを押せば、半角スペース4つを一括挿入できます。

Pythonでは、このインデントがカギを握ります。インデントされているコードが、条件が成立する場合に実行したい処理と見なされます。インデントなしで「if 条件式:」と同じ位置から書き始めると、if文とは別の処理のコードと見なされ、条件が成立する／しないにかかわらず実行されます（図6-2-2）。

このようにインデントのあり／なしで、コードの意味が大きく変わるので注意しましょう。インデントによって

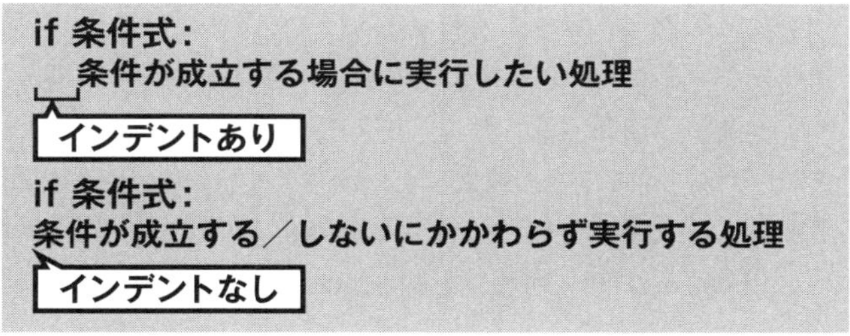

```
if 条件式:
    条件件が成立する場合に実行したい処理
```

インデントあり

```
if 条件式:
条件が成立する／しないにかかわらず実行する処理
```

インデントなし

図6-2-2　インデントされているコードが、条件が成立する場合に実行したい処理

COLUMN 

同じ名前のフォルダーへの対処は専用の関数でも可能

本章では、「更新日が既存のフォルダー名と同じだと、エラーになる」問題の対処に条件分岐のif文を使いますが、専用の関数を使うことも可能です。たとえば、今回の作例1のようにフォルダーを作成する（更新日が、既存のフォルダー名と同じでない場合フォルダーを作成し、同じ場合は作成しない）ケースは、os.makedirsという関数を使えます。

この関数は、4章でフォルダーを作成する際に用いたos.mkdir関数の、より高機能な関数です。詳しい解説は割愛しますが、os.makedirs関数の引数で、既存のフォルダー名と同じになる場合はフォルダーを作成しないように設定できます。基本的には、os.makedirs関数のほうが、if文よりコードの記述量が少なく済みます。

しかし、本書で主に対象としている入門者の方には、プログラミングの重要な基礎であるif文による条件分岐の基本的な仕組みをしっかり学んでいただきたいと筆者は考えます。そこで今回の場面では、あえてif文による方法を採用しています。if文で条件分岐の概念に十分慣れてからos.makedirs関数を使うと、両方のメリットを理解しやすくなるでしょう。

なお、os.makedirs関数を使う方法は、10.2節で簡単に紹介します。

図6-2-3　インデントで区切られたコードのまとまりは、一般的に「ブロック」と呼ばれる

コードを厳格に区切る書き方は、他の言語にはないPythonの大きな特徴です。

インデントで区切られたコードのまとまりは、一般的に「ブロック」と呼ばれます（図6-2-3）。ブロックの範囲はインデントが１つ分（半角スペース４つ）増えると始まり、１つ分戻ると終了します。コードのまとまりがひと目でわかるのがメリットです。

ブロックには複数のコードを記述できます。ブロックの中には、さらに他のブロックを含めて階層的にすることもできます。

本書では以降、この「ブロック」という言葉を用います。また、ブロックはif文以外でも用いられます。その代表例を次章で紹介します。

条件式の基礎と比較演算子

条件式の記述には「比較演算子」という仕組みを使います。比較演算子とは、２つの値を比較して判定する演算子です。書式は次のとおりです。

書　式

```
値1 比較演算子 値2
```

比較したい２つの値を比較演算子の両辺に記述します。比較演算子には複数の種類が用意されており、それぞれ比較の方法が異なります。主なものは次表のとおりです。

表6-1-1　主な比較演算子

比較演算子	比較の方法
==	左辺と右辺が等しいか
!=	左辺と右辺が等しくないか
>	左辺が右辺よりも大きいか
>=	左辺が右辺以上か
<	左辺が右辺よりも小さいか
<=	左辺が右辺以下か

この表の比較演算子を使い、「値1 比較演算子 値2」と記述すると比較が行われます。成立すると「True」、成立しないと「False」という判定結果が得られます。両者は比較などに用いられる特殊な値であり、Trueは「成立する」、Falseは「成立しない」を意味する、と解釈しておきましょう。

また、上記書式では、比較演算子の両側に半角スペースを入れています。これらの半角スペースは入れなくても文法的には問題ありません。本書では、コードを見た際、比較する2つの値と比較演算子の区切りがよりわかりやすくなるよう、半角スペースを入れることにします。

if文の4パターン

if文は条件式の数、成立する場合／成立しない場合の処理の組み合わせに応じて4パターンあります。ここで各パターンの違いと書式を、パターンA～Dとして紹介します。コードの具体例は比較演算子とあわせて、次節の練習のところで提示します。

▼パターンA

書　式

```
if 条件式:
    条件成立時に実行する処理
```

条件が成立する場合のみ処理を実行するときに使う書式です（図6-2-4）。164ページの「if文の基礎と比較演算子」で解説した基本的なif文の書式になります。条件が成

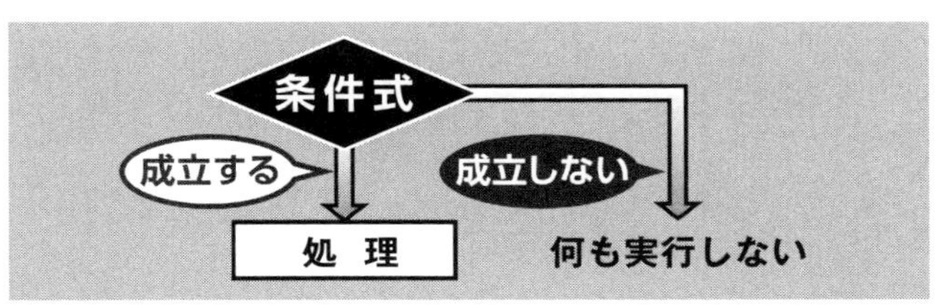

図6-2-4　if文のパターンA（条件が成立する場合のみ処理を実行）

立すると、if以下のブロック（以降、「ifブロック」と表記します）に、条件が成立する場合の処理を記述します。

▼パターンB

書　式

```
if 条件式:
    条件成立時に実行する処理
else:
    条件不成立時に実行する処理
```

条件が成立する場合と成立しない場合で、異なる処理を実行するときに使う書式です（図6-2-5）。「if 条件式:」と同じ位置に、「else」というキーワードを用いて「else:」と記述します。ifブロックに条件が成立する場合の処理、else以下のブロック（以降、「elseブロック」と表記します）に条件が成立しない場合の処理を記述します。

パターンAとパターンBの使い分けは、条件が成立しな

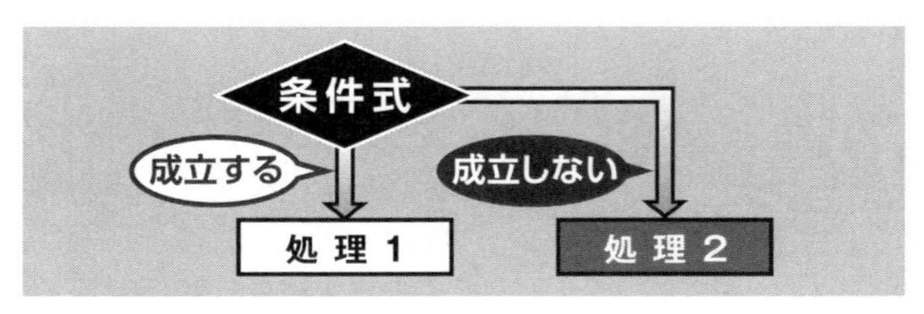

図6-2-5　if文のパターンB(成立する場合、しない場合で、異なる処理を実行)

い場合にどうしたいかで判断します。成立しない場合に何も処理を実行しないならパターンAを、何か処理を実行したいならパターンBを使います。

▼パターンC

書式

```
if 条件式1:
    条件1成立時に実行する処理
elif 条件式2:
    条件2成立時に実行する処理
        :
        :
else:
    条件不成立時に実行する処理
```

複数の条件に応じて異なる処理を実行し、どの条件も成立しない場合も指定した処理を実行するときに使う書式です（次ページの図6-2-6）。２つ目以降の条件は「elif」を用いて記述します。各条件の判定が上から順に行われ、成立した時点でそのelif以下のブロック（以降、「elifブロック」と表記します）に入って処理が実行されます。どの条件も成立しなければ、elseブロックの処理が実行されます。

パターンAやパターンBと、パターンCとの使い分けは、１つの条件で分岐するならパターンAまたはパターンBを使い、２つ以上の条件で分岐するならパターンCを

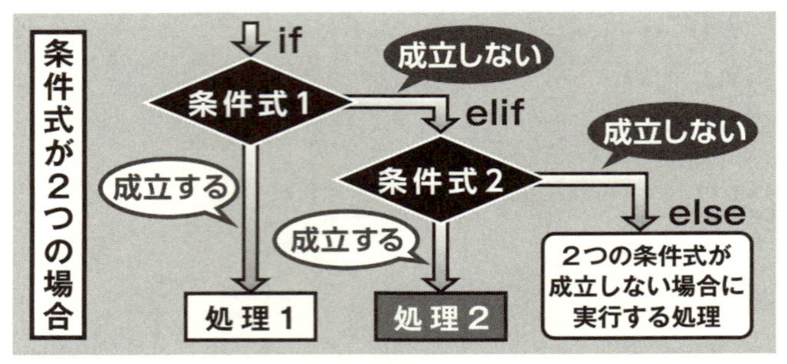

図6-2-6　if文のパターンC(複数の条件に応じて異なる処理を実行。どの条件も成立しない場合も指定の処理を実行)

使う、という具合になります。

▼パターンD

書　式

```
if 条件式1:
    条件1成立時に実行する処理
elif 条件式2:
    条件2成立時に実行する処理
        :
        :
```

複数の条件に応じて異なる処理を実行し、どの条件も成立しない場合は何も実行しないときに使う書式です（次ページの図6-2-7）。パターンCから最後のelseブロックをなくしたかたちになります。

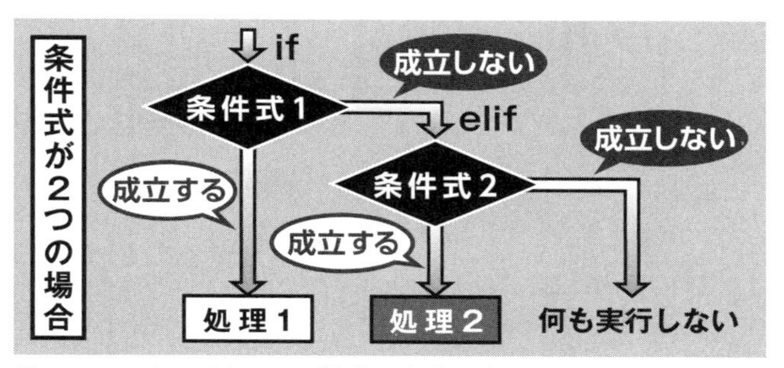

図6-2-7　if文のパターンD(複数の条件に応じて異なる処理を実行。どの条件も成立しない場合、何も実行しない)

パターンＣとＤの使い分けは、すべての条件が成立しない場合、処理を実行したければパターンＣを使い、何も処理を実行しなければパターンＤを使う、という具合になります。

6.3　パターンAとBのif文を体験しよう

6.1節で確認した「更新日が既存のフォルダー名と同じだと、エラーになる」(158ページ)問題を、前節で学んだ条件分岐のif文で解決します。

そのコードをsample1.pyに記述する前に、if文に慣れる目的で、前節で紹介した4パターンのif文のうちの、パターンＡ(169ページ)とパターンＢ(170ページ)を体験してみましょう。IPythonコンソールに練習用コードを記述して実行します。

パターンAを体験

本節での体験では、条件式での比較に変数「hoge」を使うとします。最初に準備として、変数hogeに数値の10を代入しましょう。次のコードをIPythonコンソールに入力し、[Enter] キーを押して実行してください。

IPythonコンソール

```
hoge = 10
```

まずはパターンAから体験しましょう。今回の体験では、変数hogeの値が5以上なら、文字列「りんご」を出力するとします。

なお、本節でIPythonコンソールを使って試すコードは、sample1.pyとは無関係のものです。そのため、事前に.pyファイルを実行させる必要はありません。

記述するコードは次のとおりです。

IPythonコンソール

```
if hoge >= 5:
    print('りんご')
```

では、IPythonコンソールに「if hoge >= 5:」だけを入力し、[Enter] キーを押してください。すると、コードは実行されず、次の画面のような状態になります。

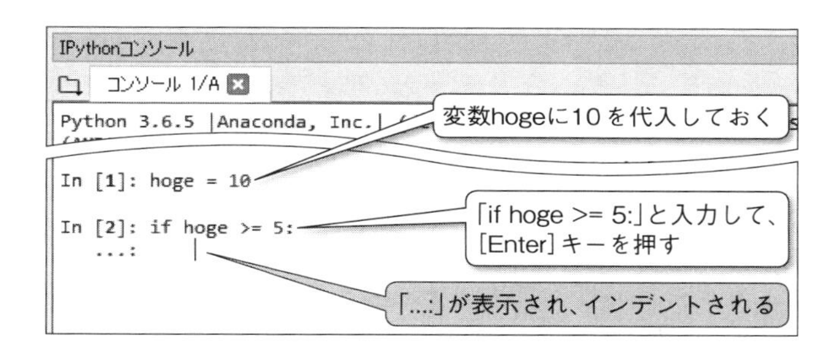

コードが改行されたあとに「...:」が表示され、インデントされた状態でカーソルが点滅し、コードの続きとして、ifブロックを入力できる状態になります。

この位置に、条件成立時のコード「print('りんご')」を入力し、[Enter] キーを押してください。すると、先ほどと同じく改行されたあとに「...:」が表示され、インデントされた状態でカーソルが点滅します。

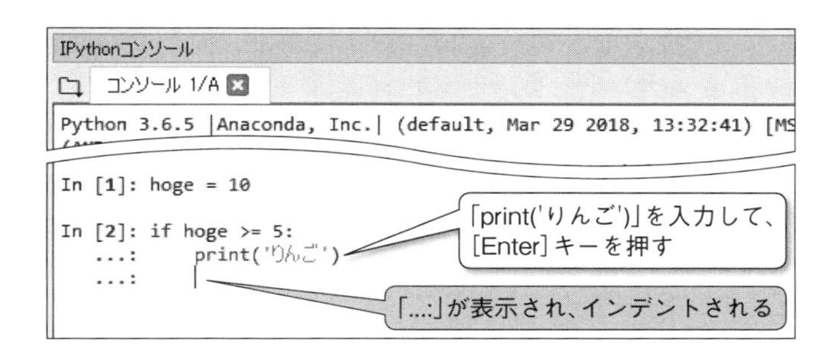

この状態でもう一度 [Enter] キーを押すと、コードが実行されます。すると、「りんご」と出力されます。

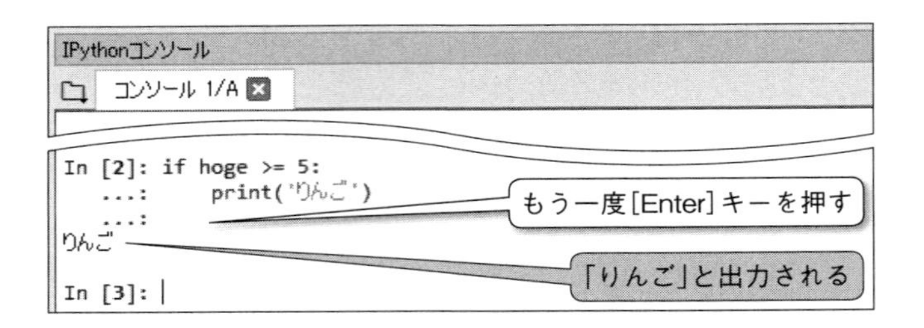

変数hogeには10を最初に代入しました。条件式は「変数hogeが5以上か」です。変数hogeは10であり、5以上なので、条件式「hoge >= 5」は成立します。そのため、ifブロックに記述したコード「print('りんご')」が実行され、「りんご」と出力されたのです。

IPythonコンソールは1行のコードに加え、if文のような複数行で構成されるコードでも、このようなかたちで入力して、実行することができます。

ここで変数hogeの値を2に変更したあと、同じif文を実行してみましょう。まずは「hoge = 2」を入力し、[Enter]キーを押して実行してください。

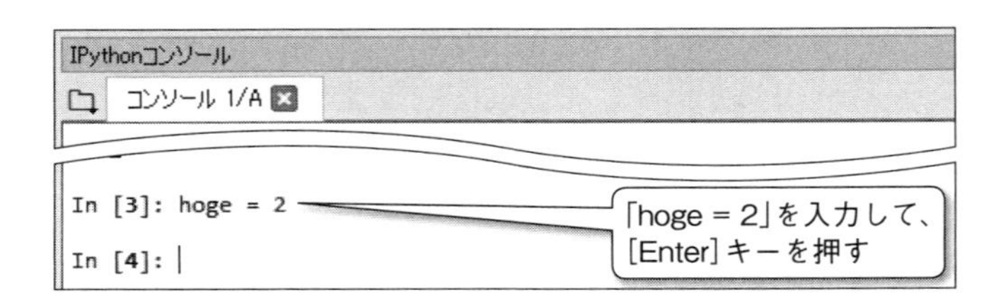

次に先ほどのif文（175ページ）を入力します。IPythonコンソールでは、すでに入力したコードを再度入力するときは、わざわざ入力し直さなくても、上下矢印キーを押すことで入力履歴を呼び出せます。では、上下矢印キーを押して、先ほどのif文を呼び出してください。

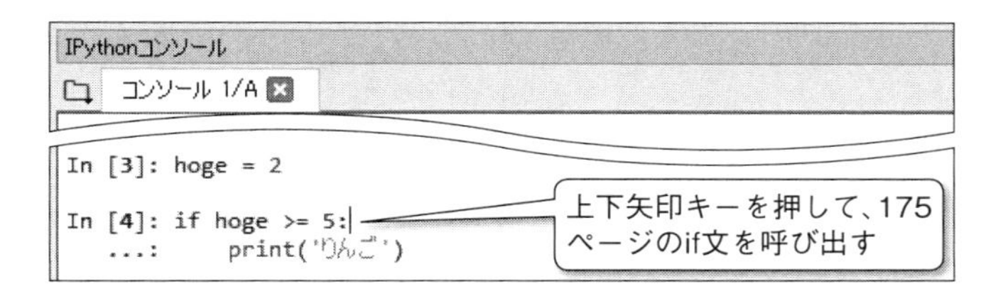

呼び出せたら、「print('りんご')」の後ろにカーソルを移動し、［Enter］キーを2回押して実行してください。すると、何も出力されません。

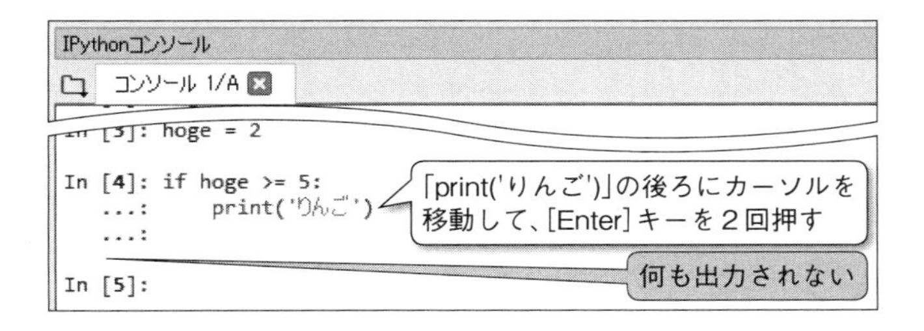

変数hogeの値は2であり、5以上ではないので条件は成立しません。よって、ifブロックは実行されず、このような結果になったのです。

パターンBを体験

パターンBの体験では、変数hogeの値が5以上なら、文字列「りんご」を出力し、そうでなければ（5より小さければ）文字列「みかん」を出力するとします。記述するコードは次のとおりです。elseブロックが加わり、そこに「print('みかん')」を記述します。

IPythonコンソール

```
if hoge >= 5:
    print('りんご')
else:
    print('みかん')
```

このコードをIPythonコンソールに入力してください。「else:」を入力する際は［Backspace］キーを押してインデントを戻し、「if hoge >= 5:」と同じ位置から入力してください。

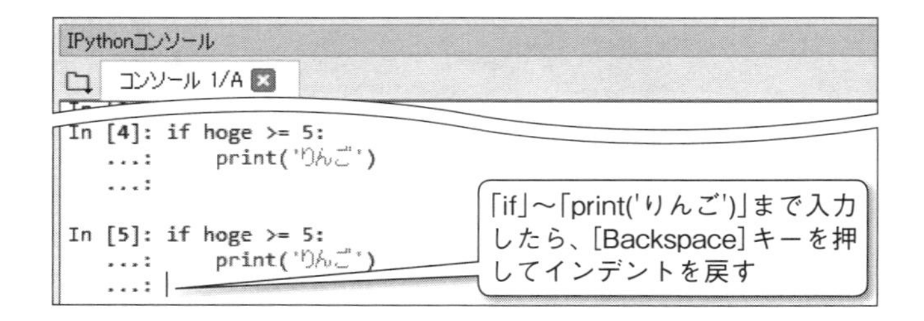

elseブロックの「print('みかん')」まで入力したら、[Enter] キーを2回押して実行してください。すると、「みかん」と出力されます。

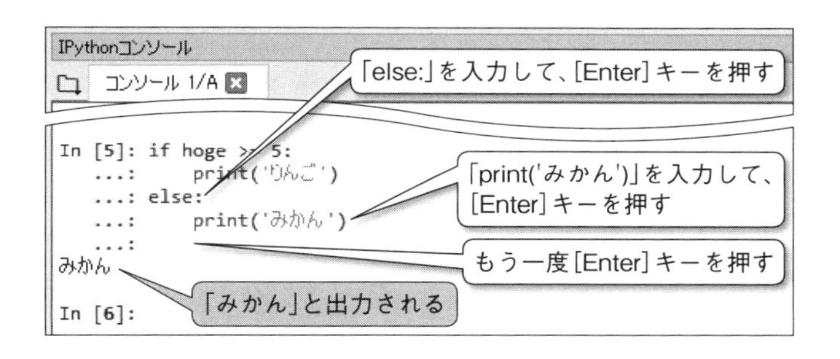

変数hogeには現在2が代入されています（176ページ）。5以上ではなく、条件は成立しないため、elseブロックのコードが実行されるので、「みかん」と出力されたのです。

今度は、条件が成立する場合を体験してみましょう。変数hogeの値を10に変更する「hoge = 10」を実行してから、先ほどと同じif文を入力しましょう。この際、177ページで紹介した入力履歴を利用すると、4行のコードを簡単に入力できます。

if文を入力後、「print('みかん')」の後ろにカーソルを移動し、[Enter] キーを2回押して実行してください。すると、変数hogeの値が10に変更され、5以上という条件が成立するため、「りんご」と出力されます。

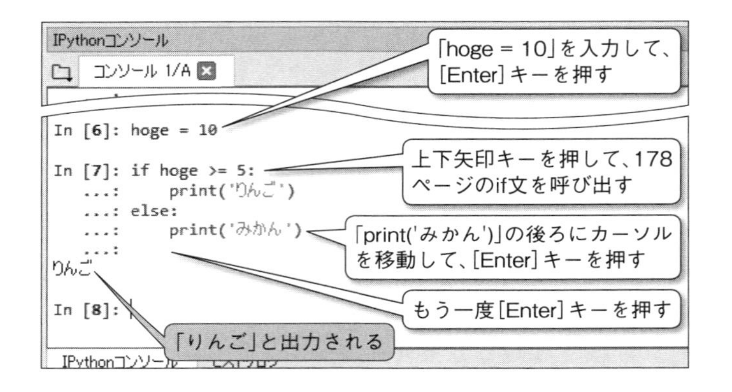

if文の体験は以上です。パターンCやパターンDも、前節で紹介した書式を参考にしてIPythonコンソールに練習用コードを入力・実行して体験すれば、if文の理解がより深まるでしょう。

次節では、ここまで学んできたif文を使って、**6.1節**で確認した「更新日が既存のフォルダー名と同じだと、エラーになる」（158ページ）問題を解決するよう、sample1.pyのコードを追加、変更していきます。

6.4 同じ名前のフォルダーがない場合のみ、フォルダーを作成する

前節まででif文の基礎を学び、IPythonコンソールを使って体験しました。本節では、実際にsample1.pyにif文を使います。if文によって、ファイルの更新日と同じ名前のフォルダーが存在するか調べ、存在しない場合はフォル

ダーを作成し、存在する場合はフォルダーを作成しない処理を実現します。

どのパターンのif文を使うとよいのか？

ここでは、フォルダー作成前に、処理するファイルの更新日と同じ日付が名前のフォルダーが存在するか調べ、存在しないならフォルダーを作成し、存在するならフォルダーを作成しない処理をif文で作成します。

まずは、**6.2節**で紹介した4つのパターンのif文のどれを使うとよいのかを検討してみましょう。検討の際に基準となるのは、if文の条件をどうするかです。今回、条件として使えるのは、「フォルダーが存在しない（ならフォルダーを作成）」か「フォルダーが存在する（ならフォルダーを作成しない）」のいずれかになります。

どちらを条件にするかによって、if文のパターンが異なります。「フォルダーが存在しない（ならフォルダーを作成）」を条件にする場合はパターンA（169ページ）で、「フォルダーが存在する（ならフォルダーを作成しない）」を条件する場合はパターンB（170ページ）です。それぞれのパターンの書式に合わせながら確認してみましょう。

パターンA

```
if 条件式（フォルダーが存在しない）:
    条件成立時に実行する処理（フォルダーを作成）
```

「フォルダーが存在しない」を条件とするパターンAで

は、条件成立時（存在しない）の処理「フォルダーを作成する」の記述だけで済みます。条件不成立時は、何も実行しません。これだけで目的の処理を実現できるのでシンプルです。

パターンB

```
if 条件式（フォルダーが存在する）:
    条件成立時に実行する処理(フォルダーを作成しない＝何もしない)
else:
    条件不成立時に実行する処理（フォルダーを作成）
```

これに対して、「フォルダーが存在する」を条件とするパターンBでは、ifブロックの記述は意味がなくなってしまいます。条件成立時（存在する）の処理「フォルダーを作成しない」は「何もしない」になるため、記述が不要だからです。目的の処理は実現できますが、無駄な記述が含まれてしまいます。

以上のことから、if文の条件は「フォルダーが存在しない（ならフォルダーを作成）」として、パターンAのif文を使えばよいとわかります。

このように、if文を使って条件分岐の処理を行うときは、if文の条件を基準に、**6.2節**で紹介した4つのパターンのうちのどれを使うかを考えるとよいでしょう。

同じ名前のフォルダーが存在しないことを調べるには

今回if文の条件にする「同じ名前のフォルダーが存在しない」を、パターンAの条件式に指定するには、「同じ名前のフォルダーが存在する」が成立しない、という方法を用いるとします。具体的には、比較演算子（168ページ）を用いて、「同じ名前のフォルダーが存在する」と「False（成立しない）」が等しいか、という条件式を指定します。そこで必要となるのは、「指定したフォルダーが存在するかどうか」を調べる方法です。まずは、そこから学びます。

「指定したフォルダーが存在するかどうか」には、osモジュールの「os.path.isdir」関数を使います。osモジュールは、本書ではすでにos.mkdir関数などで登場していて、フォルダー操作などOS処理関連の関数がまとめられています。

os.path.isdir関数の書式は次のとおりです。

書　式

```
os.path.isdir(フォルダー名)
```

引数には、調べたいフォルダー名を文字列として指定します。調べたいフォルダーが、プログラムが記述されている.pyファイルと別の場所にある場合は、引数をパス付きの文字列で指定します。そのフォルダーが存在するならTrue（成立する）、存在しないならFalse（成立しない）を戻り値として返します。

なお、os.path.isdir関数で調べられるのはフォルダーのみであり、ファイルは調べられません。ファイルを調べるには、os.path.isfile関数を用います。

ここで一度、os.path.isdir関数をIPythonコンソールで体験してみましょう。まずは、「photo」フォルダーが存在するか調べてみます。前述の書式に沿うと、コードは次のとおりです。引数には、調べたいフォルダー名「photo」を文字列として指定します。今回は、sample1.pyと同じ階層を調べますので、相対パスで指定することになります。

IPythonコンソール

```
os.path.isdir('photo')
```

このコードをIPythonコンソールに入力して実行すると、「True」と出力されます。

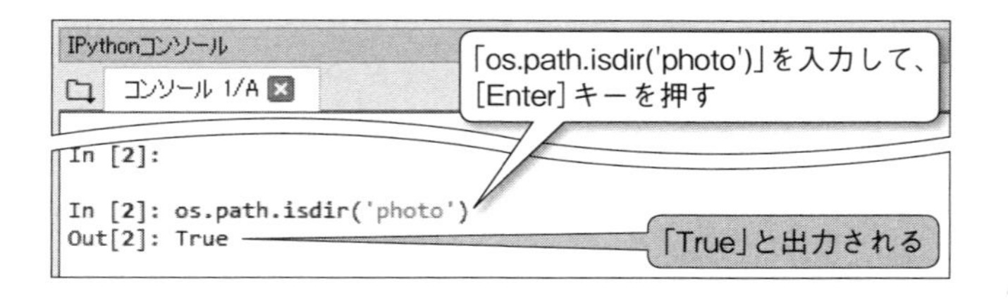

なお、このコードには、sample1.pyにある要素（「photo」とosモジュール）が含まれます。ここまで何度か紹介したように、IPythonコンソールが基準となる.pyファイルの場所を確認できていない状態や、osモジュールが読み込まれていない状態だと、実行後にエラーとなります。**6.1節**でsample1.pyを実行したあと、.pyファイル

を閉じたり、Spyderを終了していたら、**6.1節**で最後に行った実行を再度実行するなどしてから、先ほどのコードを入力して実行してください。

今回、sample1.pyと同じ場所（「bbpy」フォルダー）の中に「photo」フォルダーは存在するので、戻り値としてTrueが得られたのです。

次は、sample1.pyと同じ場所に存在しないフォルダー名で調べてみます。「boo」というフォルダー名が存在するか、IPythonコンソールで試してみましょう。

IPythonコンソール

```
os.path.isdir('boo')
```

実行すると「False」が出力されます。sample1.pyと同じ場所には「boo」というフォルダーは存在しないので、戻り値としてFalseが得られました。

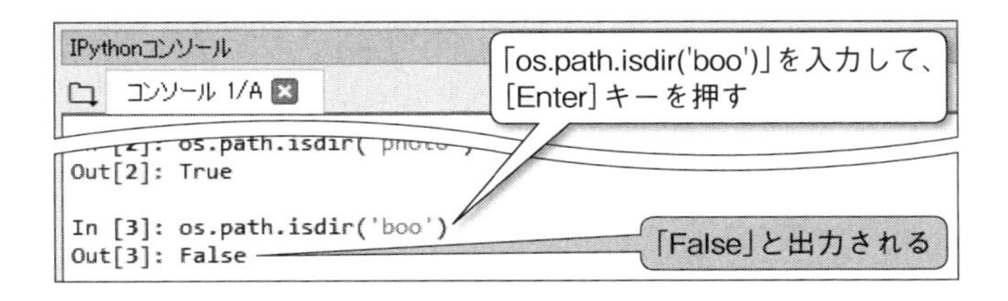

では次に、os.path.isdir関数を作例1に用いる際に指定する引数について紹介します。今回作例1で「存在するか調べたいフォルダー名」は、画像ファイルの更新日から取

得するようになっています（**5.2節**、**5.4～5.6節**）。そのフォルダー名の文字列は変数dpathに代入されています（**5.6節**、149ページ）。

つまり、os.path.isdir関数の引数に変数dpathを指定すれば、「同じ名前のフォルダーが存在するか」を調べられることになります。

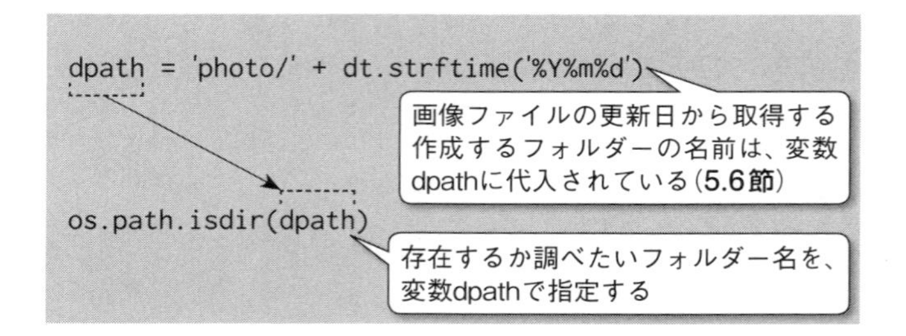

それでは、IPythonコンソールで体験してみましょう。**6.1節**で、sample1.py上の画像ファイル名を変更する体験を004.jpgまで試した（161ページ）あと、一度Spyderを閉じていなければ、この時点で変数dpathには004.jpgの更新日に応じたフォルダー名「20181027」が代入されています。そのまま、以下のコードをIPythonコンソールに入力して実行結果を確認できます。

IPythonコンソール

```
os.path.isdir(dpath)
```

もし、一度Spyderを閉じてしまっていたら、再度**6.1節**で行ったように、004.jpgに変更した状態でファイルを実行してください。変数dpathに、004.jpgの更新日に応じたフォルダー名が代入され、前述のコードを実行できるようになります。

実行すると、Trueと出力されます。「20181027」というフォルダー名は003.jpgを実行した際に作成されており、既に存在するフォルダー名なので、Trueが得られたのでした。

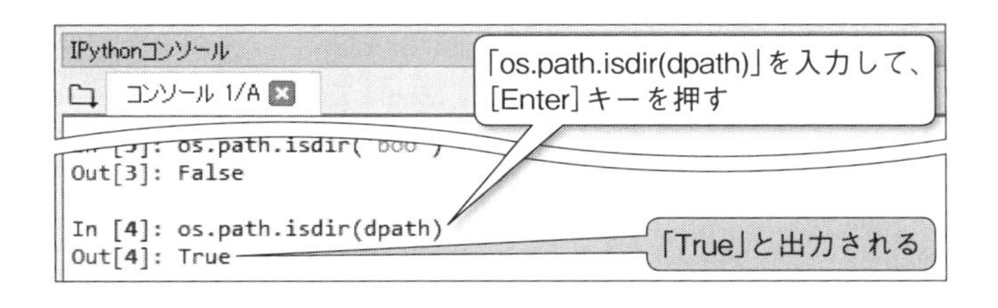

os.path.isdir関数の体験は以上です。次項では、この関数で得られる戻り値（TrueかFalse）を、比較演算子を使って比較して、「同じ名前のフォルダーが存在しない」という条件のif文を作成します。そして、そのif文を用いてsample1.pyの該当箇所を書き換えます。

if文で、フォルダーを作成するコードを書き換えよう

前項の体験の最後に学んだコード「os.path.isdir(dpath)」を使って、if文の条件式を指定します。具体的な条件式は「変数dpathに代入されている名前のフォルダーが存在しない」になります。「存在しないかどうか」を調べたいので、os.path.isdir関数の戻り値がFalseかどうか

を判定する条件式にすればよいことになります。

その条件式のコードは、等しいかどうかを判定する比較演算子「==」(168ページ)を使って、次のように記述することになります。

.pyファイルの変数はIPythonコンソールでも使える

前項で「os.path.isdir(dpath)」を入力して実行したあと、IPythonコンソールに変数dpathを入力すると、代入された値20181027(004.jpgの更新日に応じたフォルダー名)が、パス付き文字列として出力されます。

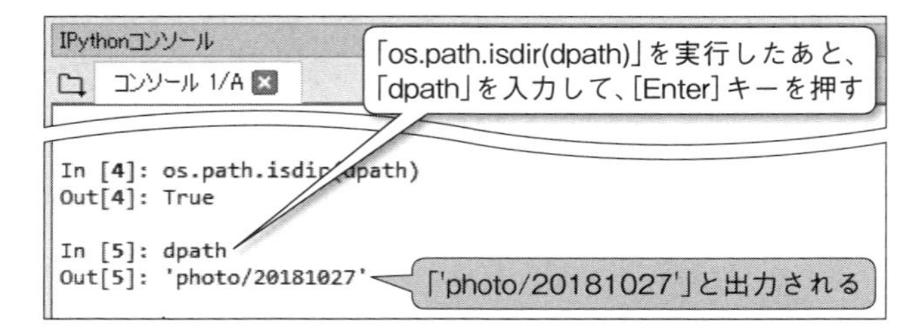

このようにsample1.pyを実行したあとなら、プログラム内で使用した変数には値が残っているので、IPythonコンソールにて値を確かめたり、関数の引数に指定するなどしてコードを試しに実行したりすることに使えます。

コード

```
os.path.isdir(dpath) == False
```

この条件式をif文に指定します。そして、この条件が成立する場合にフォルダーを作成したいので、既存のコード「os.mkdir(dpath)」をifブロックに入れます。

コード

```
if os.path.isdir(dpath) == False:
    os.mkdir(dpath)
```

これで、**6.2節**で紹介したパターンAのif文（169ページ）となります。同じ名前のフォルダーが存在しないなら（条件が成立する場合）、ifブロックが実行され、フォルダーを作成するようにできます。

一方、同じ名前のフォルダーが存在するなら（条件が成立しない場合）、ifブロックには入らず、何も実行されないので、フォルダーは作成されなくなります。

以上で、sample1.pyのコードをどう修正すればよいかわかりました。では、今度はsample1.py上のコード（エディタ領域に入力されているコード）を次のように追加・変更してください。if文の条件式の後ろの「:」を書き忘れがちなので注意しましょう。

コード　変更前

```
12 mtime = os.path.getmtime('photo/004.jpg')
13 dt = datetime.datetime.fromtimestamp(mtime)
14 dpath = 'photo/' + dt.strftime('%Y%m%d')
15 os.mkdir(dpath)
16 shutil.move('photo/004.jpg', dpath)
```

▼

コード　変更後

```
12 mtime = os.path.getmtime('photo/004.jpg')
13 dt = datetime.datetime.fromtimestamp(mtime)
14 dpath = 'photo/' + dt.strftime('%Y%m%d')
15
16 if os.path.isdir(dpath) == False:
17     os.mkdir(dpath)
18
19 shutil.move('photo/004.jpg', dpath)
```

変更と追加

ifブロックとしてインデントしているコードは、「os.mkdir(dpath)」だけであり、ここまでがif文の範囲になります。そのあとの「shutil.move('photo/004.jpg', dpath)」はインデントせず、if文と同じ位置から記述されています。if文とは別の命令文になり、if文の条件の成立／不成立とは一切関係なく実行されます。

› Windows (C:) › bbpy › photo　　photoの検索

名前	更新日時	撮影日時	種類
20181019	2018/11/09 12:38		ファイル フォルダー
20181026	2018/11/09 12:58		ファイル フォルダー
20181027	2018/11/09 12:59		ファイル フォルダー
004.jpg	2018/10/27 11:58	2018/10/27 11:58	JPG ファイル
005.jpg	2018/10/27 12:01	2018/10/27 12:01	JPG ファイル
006.jpg	2018/10/28 14:39	2018/10/28 14:39	JPG ファイル
007.jpg	2018/10/31 13:06	2018/10/31 13:06	JPG ファイル
008.jpg	2018/10/31 13:31	2018/10/31 13:31	JPG ファイル
009.jpg	2018/11/09 10:30	2018/11/09 10:30	JPG ファイル

図6-4-1　6.1節終了時点での「photo」フォルダーの中

なお、今回はif文の上下に空の行を新たに挿入して、1行ずつ空けるようにしています。if文の始まりと終わりをよりわかりやすくするためで、プログラミングにおいてよく使われる方法です。

コードを追加・変更できたら、さっそく動作確認してみましょう。その前に、「photo」フォルダーの中が**6.1節**終了時点の状態になっているか確認してください（図6-4-1）。**6.1節**では、sample1.pyの該当箇所を「004.jpg」として実行した際、エラーが出ました（161ページ）。今回、if文に書き換えたことで、そのエラーが出なくなることを確認します。

確認が済んだら、Spyderのツールバーにある▶（[ファイルを実行]）ボタンをクリックしてsample1.pyを実行してください。すると、**6.1節**のときのようなエラーは出ません（次ページの図6-4-2）。

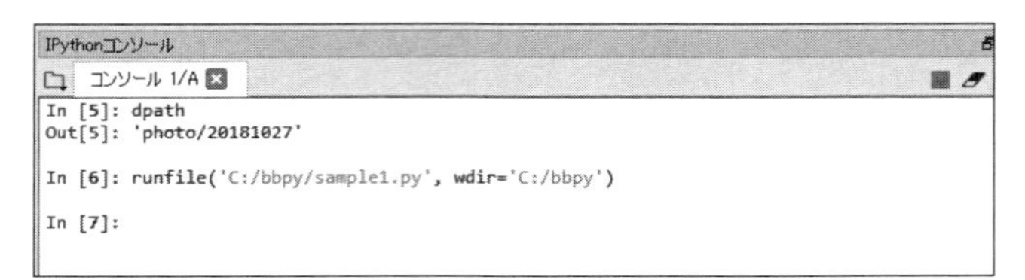

図6-4-2　190ページのコード変更後、sample1.pyを実行すると、161ページのようなエラーは表示されない

「photo」フォルダーの中を見ると、003.jpgで作成した「20181027」フォルダーに、004.jpgが移動したことが確認できます（図6-4-3）。

今回は、同じ名前のフォルダーがあったため、フォルダーは作成されず（何も処理は実行されず）、ファイル（004.jpg）の移動のみ行われました。**6.1節**で試したときのように、005.jpg以降もプログラム内の2ヵ所（159ページ）を書き換えて実行することで、動作を確認できます。

005.jpg以降、プログラム変更後の実行結果は次ページの一覧表のようになります。

図6-4-3　「20181027」フォルダーに004.jpgが移動する

ファイル名	実行結果
005.jpg	フォルダーは作成されない
006.jpg	「20181028」フォルダーが作成される
007.jpg	「20181031」フォルダーが作成される
008.jpg	フォルダーは作成されない
009.jpg	「20181109」フォルダーが作成される

本章では、まだ9つのファイルを用いて連続して処理するコードを記述していません。そのため、ここでは1ファイルずつ書き換えては実行して、動作を確認しました。9つのファイルに同じ処理を行う方法は、次章で説明する「繰り返し」という仕組みで実現します。

以上で本章で行うコードの書き換えは終了です。今回は、次章からの説明に備えて、sample1.pyを実行したあとのフォルダーやファイルを、実行前の状態（66ページの図4-1-3）に戻してください。「photo」フォルダーの中に作成されたフォルダーの中にある001.jpg～009.jpgは「photo」フォルダー内に戻し、作成されたフォルダーは削除します。

sample1.pyが実行されたときの処理の流れ

本章の最後に、今回if文に書き換えた箇所を中心に、sample1.pyが実行されたときにどのような処理の流れになるのかを示します。

コード

```
12 mtime = os.path.getmtime('photo/004.jpg')
13 dt = datetime.datetime.fromtimestamp(mtime)
14 dpath = 'photo/' + dt.strftime('%Y%m%d')          ①
15        ②
16 if os.path.isdir(dpath) == False:                  ③
17     os.mkdir(dpath)                                ④
18
19 shutil.move('photo/004.jpg', dpath)                ⑤
```

①004.jpgの更新日「20181027」（＝作成されるフォルダーの名前）が変数dpathに代入される

②if文が実行され、「20181027」と同じ名前のフォルダーが「存在しない」を条件として調べる

③「20181027」というフォルダーは存在するため、「os.path.isdir(dpath)」の戻り値はTrueとなり、Falseとは等しくない（条件不成立）と判定される

④処理はifブロックには入らず、「os.mkdir(dpath)」は実行されない（フォルダーは作成されない）

⑤shutil.move('photo/004.jpg', dpath)が実行され、004.jpgが「20181027」フォルダーへ移動される

7章
「繰り返し」で複数のファイルに同じ処理を実行しよう

7.1 どうやって同じ処理を続けて行えるようにするのか

本章では、前章までで作成した一連の処理を、複数のファイル（9つある画像ファイル）にも行えるように、プログラムを発展させます。そこで必要となる「繰り返し」という仕組みについて学びます。

本章で追加する処理について

前章までで行えるようになった一連の処理の内容を、大まかに分けて示したのが以下です。

①画像ファイルの更新日を秒単位のデータで取得する
②取得したデータを日付データに変換する
③変換したデータを年（4桁）月（2桁）日（2桁）の形式の文字列に変換する
④同じ名前のフォルダーが存在するか調べる
⑤存在しないなら、③で変換した文字列が名前となるフォ

ルダーを作成する（存在するなら、作成しない）
⑥画像ファイルを、③が名前のフォルダーに移動する

プログラムを1回実行すると、上記の処理が順番に行われて終了します。現時点では、1回の実行で処理できるのは、プログラム上でファイル名が記述されている1つの画像ファイルのみでした。そのため、**6.1節**と**6.4節**でプログラムの動作確認をしたときは、プログラム内のファイル名の部分を、1つ1つ書き換えて実行していました。

本章では、プログラム全体を1回実行すれば、001.jpg～009.jpgに上記と同じ処理が行われるようにプログラムを書き換えます。

複数のファイルに同じ処理を行える「繰り返し」とは

プログラムを1回実行するだけで、001.jpg～009.jpgを処理できるようにするには、一連の処理を、ファイルの点数分行う仕組みが必要です。これを単純に実現しようとすると、一連の処理の部分のコードを、ファイルの点数分並べる方法が考えられます（以下の図7-1-1）。

```
import os
import shutil
import datetime

mtime = os.path.getmtime('photo/001.jpg')
dt = datetime.datetime.fromtimestamp(mtime)
dpath = 'photo/' + dt.strftime('%Y%m%d')
```

001.jpg分の処理

```
if os.path.isdir(dpath) == False:
    os.mkdir(dpath)

shutil.move('photo/001.jpg', dpath)
```

```
mtime = os.path.getmtime('photo/002.jpg')
dt = datetime.datetime.fromtimestamp(mtime)
dpath = 'photo/' + dt.strftime('%Y%m%d')

if os.path.isdir(dpath) == False:
    os.mkdir(dpath)

shutil.move('photo/002.jpg', dpath)
```

002.jpg分の処理

003.jpg分の処理

004.jpg分の処理

005.jpg分の処理

006.jpg分の処理

007.jpg分の処理

008.jpg分の処理

```
mtime = os.path.getmtime('photo/009.jpg')
dt = datetime.datetime.fromtimestamp(mtime)
dpath = 'photo/' + dt.strftime('%Y%m%d')

if os.path.isdir(dpath) == False:
    os.mkdir(dpath)

shutil.move('photo/009.jpg', dpath)
```

009.jpg分の処理

図7-1-1　001.jpg～009.jpgのコードを並べれば、１回で９つのファイルを処理できそうだが……

前ページの図7-1-1は、「001.jpg」や「002.jpg」などのファイル名の部分以外は同じコードを、ファイルの点数分並べる方法です。プログラムを１回実行すれば、上から順番に、ファイルごとに同じ処理を繰り返すように行われるので、目的は果たせそうです。

しかし、ファイル名の部分以外は、まったく同じコードがそれぞれ９回ずつ記述されるため、無駄に長いプログラムとなってしまいます。無駄に長いプログラムは、コピー&ペーストを利用しても、入力するだけで一苦労です。しかも、あとで画像ファイルの保存場所などの変更の必要が生じた際、コードの編集作業が大変になるため、好ましくありません。

今回の作例１のように、同じ処理を複数のファイルに行いたいときは、「繰り返し」という仕組みを用いるのがセオリーです。「繰り返し」は、前章で紹介した「条件分

COLUMN 

同じコードが何度も記述されていると、変更する際に苦労する

まったく同じコードが何度も記述された状態のプログラムは、あとで部分的に変更したり、別の機能を追加したりするなどのメンテナンスが行いにくくなります。たとえば、何度も記述されているコード内の１ヵ所で変更が生じると、他のコードの同じ箇所をすべて変更しなければなりません。

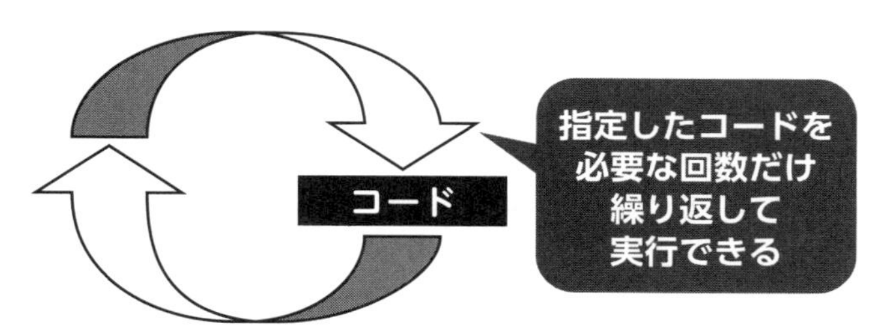

図7-1-2 「繰り返し」の仕組みの概念

岐」と同様に、Pythonに限らずどのプログラミング言語にも共通の仕組みです。

「繰り返し」とは、指定したコードを必要な回数だけ繰り返して実行できる仕組みです（図7-1-2）。作例１の場合、複数のファイルに行いたい処理のコードを、繰り返しの構文の中に１つ記述するだけで済みます。

Point

- 「繰り返し」とは、指定したコードを必要な回数分繰り返し実行できる仕組み

Pythonには繰り返しの構文が2種類あります。１つは「for」という構文（以下、for文）で、もう１つは「while」という構文（以下、while文）です。本書では、主にfor文を使います。while文は、次節にてコラムで簡単に紹介します。

次節では、for文の基礎を学びます。

7.2 for文の基礎を学ぼう

本節では、for文の基礎を学びます。IPythonコンソールを使った体験も随時交えて解説します。

for文の基本的な使い方

for文は回数を指定して繰り返すための構文です。基本的な書式は次のとおりです。

書　式

```
for 変数 in range(繰り返す回数):
    繰り返す処理
```

「for」というキーワードの後ろに半角スペースを挟み、変数を記述します。この変数には基本的に、繰り返しが実行される中で、何回目の繰り返し処理なのかを示す値が代入されます。これだけでは十分意味が伝わらないはずですので、変数については次項で詳しく説明することにします。

変数に続けて半角スペースを挟み、「in」を記述し、さらに「range(繰り返す回数)」を記述します。「range」は関数（組み込み関数）であり、繰り返したい回数の数値を引数に指定します。

たとえば5回繰り返したいなら、「range(5)」と記述します。ここではひとまず「range関数の引数に繰り返したい回数を指定すればよい」とおぼえてください。range関数の機能については、本節末にあるコラム（208ページ）で補足説明します。

range関数の後ろには「:」を必ず付けます。そして、改行し、必ずインデントしたうえで、繰り返す処理のコードを記述します。言い換えると、繰り返す処理のコードをfor文のブロックに記述することになります。

ブロックの区切りのルールは、前章で説明したif文と同様で、インデントによる字下げです（165ページ）。こうしたfor文のブロックのことはこれ以降、forブロックと表記します。もし、インデントなしで、「for」と同じ位置から記述し始めると、forブロックではなく、for文とは別の処理のコードと見なされるので、繰り返されません。

以上がfor文の基本的な書式です。

たとえば、文字列「こんにちは」を5回出力するなら、次のように記述します。

コード

```
for hoge in range(5):
    print('こんにちは')
```

変数名は何でもよいのですが、ここでは「hoge」としました。5回繰り返したいので、range関数の引数には数値の5を指定します。forブロックには繰り返す処理として、文字列「こんにちは」をprint関数で出力するコードを記述します。

それでは、for文の基本的な使い方をIPythonコンソールで体験してみましょう。先ほどの文字列「こんにちは」を５回出力するfor文をIPythonコンソールに入力してください。上記のコードはsample1.pyとは無関係のコードなので、IPythonでの実行結果にエラーなどの影響をおよぼす心配はありません。
「for hoge in range(5):」を入力して［Enter］キーを押します。すると、６章でif文を入力したときと同じく、コードが改行されたあとに「...:」が表示され、インデントされた状態でカーソルが点滅し、forブロックを入力できる状態になります。

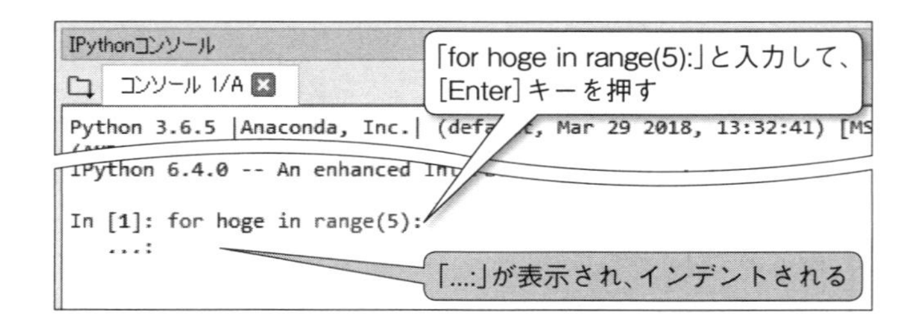

for文には別パターンの書式がある

for文には、本節で解説した基本的な書式に加え、別パターンの書式もあります。「in」の後ろにrange関数ではなく、“データの集合”を記述するパターンです。作例１でものちほど利用しますが、詳しくは９章で解説します。

そこに、繰り返したい処理のコード「print('こんにちは')」を記述してください。これで入力完了です。[Enter] キーを2回押して実行してください。すると、コードが実行され、「print('こんにちは')」の処理が5回行われ、「こんにちは」が5回連続して出力されます。

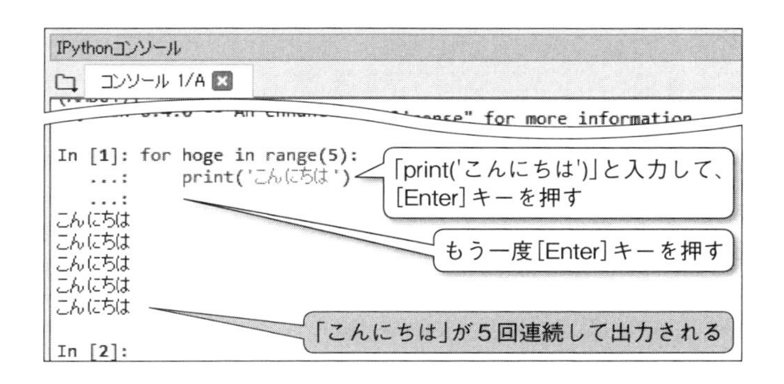

for文の変数の機能

前項で、for文の変数には、「繰り返しが実行される中で、何回目の繰り返し処理なのかを示す値が代入される」と紹介しました。これについてもう少し詳しく説明します。

「何回目の繰り返し処理なのかを示す値」は、1回目、2回目、3回目、……という具合に、処理を繰り返すたびに1つずつ増えていくものです。for文では、それらの値が、自動的に変数に代入される仕組みになっています。繰り返し処理のたびに、それまでの値を上書きするかたちで、「何回目の繰り返し処理なのかを示す値」が変数に代入されます。

この変数には、典型的な用途があります。それは、繰り返し処理のコード内に記述されている数字の部分を変数に置き換えて、繰り返し処理のたびに1ずつ増やすことです。たとえば、作例1のsample1.pyに現時点で記述され

COLUMN

繰り返しのもうひとつの構文while文

前節末で紹介したように、Pythonには繰り返しの構文として、for文の他にwhile文があります。指定した条件が成立しているあいだ繰り返しを続ける構文です。書式は次のとおりです。

書　式

```
while (条件式):
    繰り返す処理
```

繰り返す回数が決まっているならfor文を使い、決まっていないならwhile文を使います。作例1では、繰り返す回数が9（画像ファイルの数）に決まっているため、for文を用いています。while文は、たとえばWebブラウザーで、ウィンドウ右上の［×］ボタンがクリックされるまで、リンク先ページの表示などの処理をクリックされるごとに繰り返す、などといった状況に用います。

ている「004.jpg」といった特定のファイル名を変数に置き換えると、繰り返し処理のたびに「001」「002」「003」……となるように記述できます。**7.4節**では、実際にその書き換えを行います。

回数の数え方と変数の値の関係には、少し独特なルールがあるので、変数の値を利用する際は注意が必要です。変数の値（「何回目の繰り返し処理なのかを示す値」）は原則、0から始まるという数え方をします。つまり、繰り返しの1回目では変数の値は0となり、繰り返しの2回目では変数の値は1となります。このように変数は0から始まり、繰り返すたびに1ずつ増えていきます。

たとえば、5回繰り返し処理したいときは、range関数を「range(5)」と記述しますが、5回目のときのfor文の変数の値は4となります。実行する回数は計5回であり、変数は繰り返すたびに0から4まで増えていくのです。

回数の数え方と、変数の値

実行として何回目？	1回目	2回目	3回目	4回目	5回目
変数の値	0	1	2	3	4

それでは、本項で説明した内容を実際にIPythonコンソールで試して確認してみましょう。

前項で試したfor文のコードで、print関数で出力する内容を「こんにちは」ではなく、変数hogeとします。先ほどのコードの「'こんにちは'」を「hoge」に書き換えたかたちになります。「'」を含めて書き換えないと、「hoge」

が文字列として扱われてしまうので注意しましょう。

IPythonコンソール

```
for hoge in range(5):
    print(hoge)
```

では、このコードをIPythonコンソールに入力してください。入力履歴機能を利用し、[↑]キーで前項で入力したコードを呼び出し、「'こんにちは'」を「hoge」に書き換えれば効率よく入力できます。または先ほどのコードをコピー&ペーストし、必要な箇所を書き換えても構いません。実行すると、0、1、2、3、4と5つの数値が出力されます。

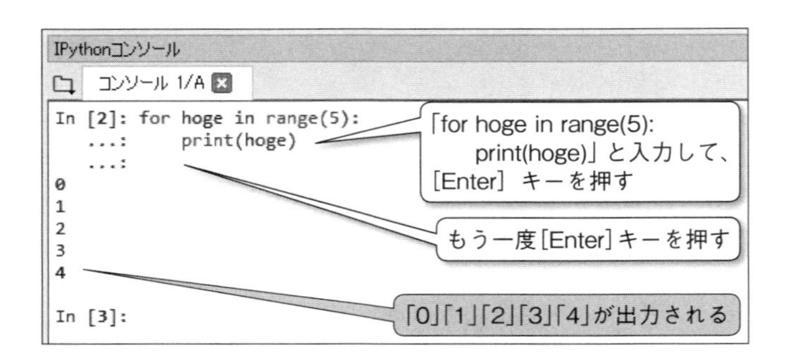

変数hogeは0からスタートし、繰り返しのたびに1ずつ増えていき、その値がprint関数で出力されます（次ページの図7-2-1）。繰り返しの最後である5回目には、変数hogeは4に増えており、その値が出力されて繰り返

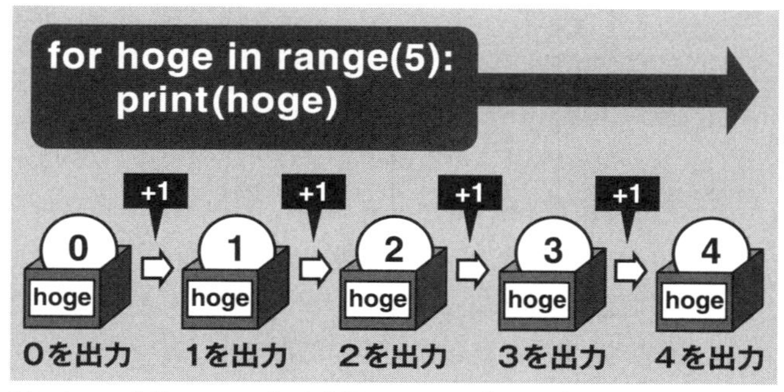

図7-2-1 変数hogeは、処理を繰り返すたびに1ずつ増えていく

しが終了します。

- for文の変数には、「何回目の繰り返し処理なのかを示す値」が代入される
  （変数の値は、実行して何回目かの数より1つ少なくなる）
- 変数の値
  0から始まる
  繰り返しのたびに1ずつ増える
- for文の変数は、繰り返す処理の中で使える
  （典型的な用途が、数字を1つずつ増やすとき）

次節以降、本節で学んだfor文を使って繰り返し処理を行えるように、sample1.pyのプログラムを書き換えます。

range関数の補足

ここでは、for文で使用するrange関数について補足します。ただし、参考程度に頭に入れておくつもりで読むことで構いません（range関数は、ここまでの内容がわかっていれば、for文にて問題なく利用できます）。

range関数の機能はいわば、「0から指定した回数より1回少ない回数までの連続した数値を生成する」です。ただし、たとえばIPythonコンソールに「range(5)」と入力して試しに実行しても、戻り値として出力されるのは「range(0, 5)」です。0から4の数値が表示されるわけではないので、機能がわかりづらいと言えます。for文とセットで使い、先ほどの体験のような変数として順に出力するコードを実行することで、機能がよりわかりやすくなる関数です。

さらにrange関数は、生成する数値の始まる値、増やす値を引数によって細かく設定することができます。その場合の書式は「range(開始値, 終了値, 増やす値)」です。たとえば、「range(3, 12, 2)」と記述すると、3からスタートし、2ずつ増え、11で終了（12－1）します。具体的には3、5、7、9、11と増え、計5回繰り返すことになります。本節で用いた「range(5)」は、引数「終了値」のみを指定したかたちになります。

7.3 繰り返し処理したい部分をfor文で書き換えよう

前節では、for文の基礎を学び、IPythonコンソールで体験しました。本節以降、作例1で繰り返し処理を行えるように、sample1.pyのコードをfor文を用いて書き換えていきます。

繰り返し処理したい部分を確認する

まずは、前章までで作成したsample1.pyのコードのうち、どの部分をfor文で繰り返し処理するか確認しましょう。sample1.pyのコードは、次ページのようになっているはずです。

ファイル名（拡張子「.jpg」を除く）が記述されている2ヵ所（行番号12と行番号19）は、「004」以外の数字になっているかもしれません（**6.4節**末、191ページの動作確認を、005.jpg以降にも行った場合）。これらの数字だけが異なっていて、あとは同じであることを確認しておきましょう。

いずれにしても、これら2ヵ所の記述は書き換える必要があります。現状のように特定のファイル名で記述されているうちは、そのファイルしか処理できないからです。繰り返し処理する中で、001.jpg～009.jpgを順番に処理できるように、次節で書き換え方を説明します。

「import」から始まる冒頭の3行は、モジュールを読み込むためのimport文です。モジュールは、一度読み込めば以降使えるものなので、これらを繰り返し処理する必要はありません。

繰り返し処理したい部分は、「mtime」から始まる行から「shutil.move」から始まる行のコード8行分（空の2行含めて）です。これらのコードで行われる処理内容は、**7.1節**でも確認しました（195～196ページ）。この部分が、前節for文の書式（200ページ）のところで紹介した「繰り返す処理」になります。

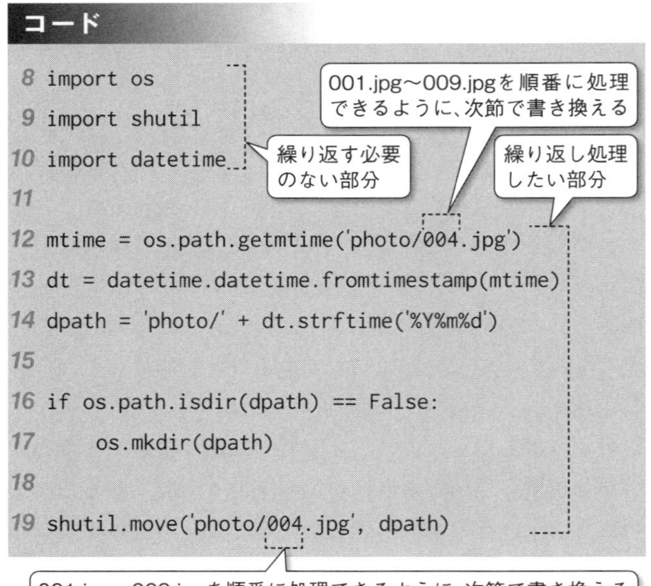

sample1.pyをfor文で書き換える

それでは、前節で学んだfor文の書式（200ページ）で、sample1.pyを書き換えてみましょう。

for文の変数の名前は何でもよいのですが、ここでは「i」とします。range関数の引数には、繰り返す回数の数値を指定すればよいので、今回は9（9つのファイル）です。すると、次のようなfor文にすればよいことになります。

コード

```
for i in range(9):
    繰り返す処理
```

forブロックの「繰り返す処理」の内容は、前項で確認した8行（行番号12～行番号19）となります。繰り返し処理されるように、forブロックの各行の先頭にはインデントを入れる必要があることに注意してください。

それでは、Spyderのエディタ領域にて、sample1.pyを次のように変更してください。

繰り返し処理されるforブロックに必要なインデントは、該当する行を選択した状態で［Tab］キーを押せば、まとめて適用できます。1行ずつインデントすると、ifブロックのように、もともとインデントされている行に、forブロックのインデントを追加し忘れやすいので、繰り返し処理したいブロック全体を選択して、まとめてインデントすることをおすすめします。

コード 変更前

```
12 mtime = os.path.getmtime('photo/004.jpg')
13 dt = datetime.datetime.fromtimestamp(mtime)
14 dpath = 'photo/' + dt.strftime('%Y%m%d')
15
16 if os.path.isdir(dpath) == False:
17     os.mkdir(dpath)
18
19 shutil.move('photo/004.jpg', dpath)
```

▼

コード 変更後

```
12 for i in range(9):                                  ← 追加
13     mtime = os.path.getmtime('photo/004.jpg')
14     dt = datetime.datetime.fromtimestamp(mtime)
15     dpath = 'photo/' + dt.strftime('%Y%m%d')
16                                                     ← 変更(インデントを追加)
17     if os.path.isdir(dpath) == False:
18         os.mkdir(dpath)
19
20     shutil.move('photo/004.jpg', dpath)
```

これで、繰り返し処理したい部分をfor文で繰り返せるよう書き換えることができました。プログラムを1回実行すると、for文の処理が9回繰り返されます。

ただし、前項で説明したように、まだファイル名が記述されている2ヵ所（行番号13と行番号20）は書き換えていません。仮にこのまま実行すると、記述されているファイル名のみ同じ処理が9回繰り返されるだけで、他の8つのファイルへの処理が行えません。

次節では、ファイル名が記述されている2ヵ所を書き換えるうえで必要となる考え方から説明します。

7.4 繰り返しが行われるたびに、ファイル名の数字を1つずつ増やす

本節では、「004.jpg」で拡張子を除いた「004」の部分など、特定のファイル名で記述されたままになっている2ヵ所を書き換えます。具体的には、for文で繰り返しが行われるたびに、「001」「002」……「008」「009」というふうに、ファイル名の数字を1つずつ増やせるようにします。

ファイル名の記述にはfor文の変数を使う

前節での書き換えにより、for文を用いた繰り返し処理が行えるようになりました。残るは、現時点で特定のファイル名が記述されている2ヵ所の書き換えです。ここでは、これらを書き換えるうえで、必要となる対処方法を説明します。

コード

特定のファイル名が記述されている箇所

```
12 for i in range(9):
13     mtime = os.path.getmtime('photo/004.jpg')
14     dt = datetime.datetime.fromtimestamp(mtime)
15     dpath = 'photo/' + dt.strftime('%Y%m%d')
16 
17     if os.path.isdir(dpath) == False:
18         os.mkdir(dpath)
19 
20     shutil.move('photo/004.jpg', dpath)
```

特定のファイル名が記述されている箇所

特定のファイル名が記述されている2ヵ所は、「'photo/004.jpg'」となっています。これが、フォルダーのパスの「photo/」とファイル名が1つの文字列として記述されていることを思い出してください。

なお、前節の冒頭（209ページ）でも紹介したように、ファイル名の拡張子を除いた部分（「004」）は、**6.1節**と**6.4節**でファイル名を書き換えながら行った動作確認によっては、他の番号になっているかもしれません。いずれの番号であっても、「'photo/00●.jpg'」という形式で記述されていれば本節を読むうえで、問題ありません。

特定のファイル名で記述しているかぎりは、そのファイルしか処理の対象になりません。そこで、for文の繰り返し処理に合わせて、ファイル名が変化していくような記述に書き換える必要があります。

表7-4-1 for文の繰り返し処理に合わせて、ファイル名を変化させる

1回目	2回目	3回目	4回目	5回目	6回目	7回目	8回目	9回目
001.jpg	002.jpg	003.jpg	004.jpg	005.jpg	006.jpg	007.jpg	008.jpg	009.jpg

そのために利用できるのが、**7.2節**で説明したfor文の変数です（207ページの図7-2-1）。for文の変数は、処理を繰り返すたびに1つずつ増えていくものなので、変数を使ってファイル名を記述すれば対処できそうだと考えられます。

変数を用いたファイル名の記述方法

では、for文の変数を使ってどのように記述するのかを説明します。まず着目したいのが、変数を使う箇所です。作例1の場合、繰り返しのたびに1ずつ増えるようにしたいのは、「'photo/00●.jpg'」のうちの「00」と「.jpg」の間にある1～9の連番数字部分のみです。この部分を変数で記述すればよいことになります。

すると、ファイル名部分の記述は、以下の3つの要素に分けて考えることができます。

「photo/00」「変数」「.jpg」

これらを、5章で紹介した+演算子（145ページ）を用いて連結します。その際の注意点は、3つの要素を文字列として連結することです。3つのうち、変数の値のみ数値

であり文字列ではないため、文字列に変換する記述が必要となります。

変数の値のような数値を文字列に変換するには、str関数を使います。この関数は、print関数などと同じ組み込み関数で、特定のモジュールをimport文で読み込まずに使えます。

書　式

```
str(数値)
```

引数に数値を指定すれば、その数値を文字列に変換して返します。そして、引数に変数を指定すれば、変数に代入された数値を文字列に変換して返します。

このstr関数を使って、前節で記述したfor文の変数iを文字列に変換してから、+演算子を用いて「photo/00」と「.jpg」とで連結すればよいのです。そのコードは以下のようになります。

コード

```
'photo/00' + str(i) + '.jpg'
```

「photo/00」と「.jpg」は文字列なので、「'」で囲みます。これは、これまで本書で何度か述べたPythonの５つの原則の５つ目によるものです（47ページ）。「str(i)」自体は関数の扱いなので、「'」で囲みません（囲んでしまうと、「str(i)」という文字列で扱われてしまい、関数の処理が行われなくなります)。

それでは、IPythonコンソールを使い、前述のコードでファイル名を記述、実行してみましょう。ここでは、連結後のファイル名が、「001.jpg」となるようにします。なお、前述のコードをシンプルに試したいので、変数の値は、for文によるものではなく、あらかじめ代入します。

まずは変数iに、1を代入するコード「i = 1」をIPythonコンソールに入力、実行してから前ページのコードを入力、実行してください。

すると、文字列「photo/001.jpg」が出力されます。

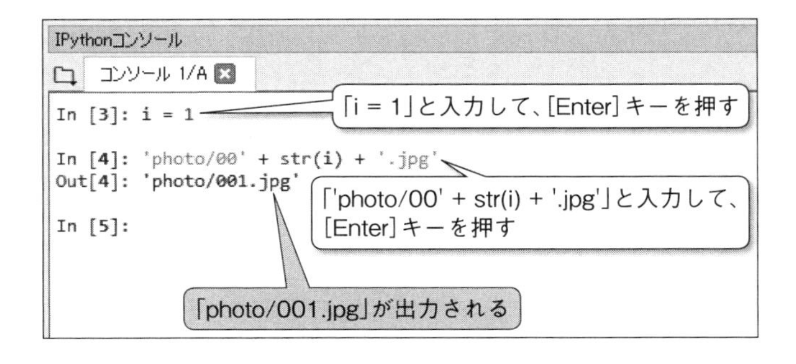

これで、文字列と変数iの連結によってファイル名を作る方法がわかりました。

IPythonコンソールで練習した際は、変数にあらかじめ値を代入していました。この変数をfor文の変数にすると、処理が繰り返されるたびに変数の値が1つずつ増えていくことになり、ファイル名部分を「001」、「002」、……、「009」と連番で1つずつ増やせることになります。

そこで思い出していただきたいのが、**7.2節**で説明した「変数の値は0から始まる」ことです。

「001」からとなるように、変数に1を足す

7.2節の「for文の変数の機能」(203ページ)で説明したように、for文の変数の値は0から始まります。繰り返し処理での1回目の処理では、変数の値は0になるのです。

そのため、前項での練習に用いた「'photo/00' + str(i) + '.jpg'」のコードでsample1.pyのファイル名の記述2ヵ所を書き換えてしまうと、1回目の処理では000.jpgとなり、存在しないファイルを処理する結果となってしまいます。また、処理は9回繰り返されますが、9回目の処理は008.jpgとなって繰り返しが終了するため、009.jpgが処理されないことになってしまいます。

このような問題を解決するため、変数iに数値の1を足して記述します。変数の値と数値を足し算して、1回目の処理でファイル名が「001」から始まるようにするのです。

Pythonでは、数値の足し算を行うには+演算子を使います。文字列の連結に使う+演算子(145ページ)と同じ演算子です。+演算子はそもそも足し算用の演算子であり、文字列の連結にも使えるという位置づけになります(足し算以外の数値計算用の演算子は、221ページのコラムで簡単に紹介します)。

+演算子によって変数iに1を足すコードは「i + 1」です。このコードをstr関数の引数に指定します。

前項と同じく、今回もIPythonコンソールで試してみましょう。前項では、コードを試す前に変数iに1を代入（「i = 1」）していました。前項での練習に続けて本項の練習を行う場合、変数にあらためて値を代入する必要はありません（そうでない場合、先に「i = 1」を入力します）。

IPythonコンソール

```
'photo/00' + str(i + 1) + '.jpg'
```

このコードをIPythonコンソールで実行すると、文字列「photo/002.jpg」が出力されます。変数iには1を代入していました（217ページ）。「str(i + 1) 」は文字列「2」となるため、このような結果になるのです。

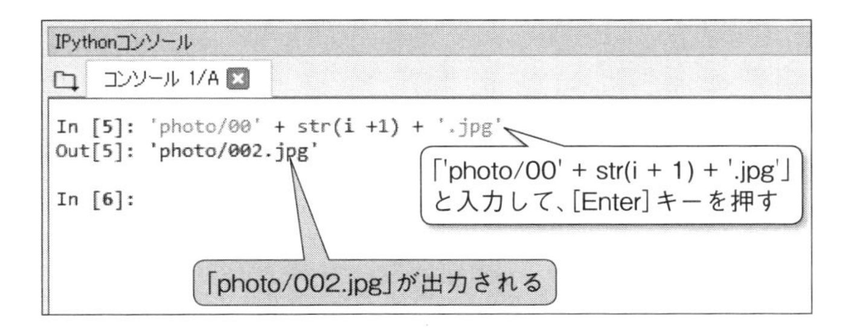

今度は、上記のコードをfor文で9回繰り返すとどうなるか試してみましょう。IPythonコンソールに以下を入力して実行してください。

forブロックで上記のコードを記述する場合、9回繰り返す文字列の連結結果はそのままでは出力されません。そこで、それぞれの結果を出力できるように、print関数を使います。

IPythonコンソール

```
for i in range(9):
    print('photo/00' + str(i + 1) + '.jpg')
```

すると、「photo/001.jpg」、「photo/002.jpg」、……、「photo/008.jpg」、「photo/009.jpg」と、9つの文字列が連続して出力されます。

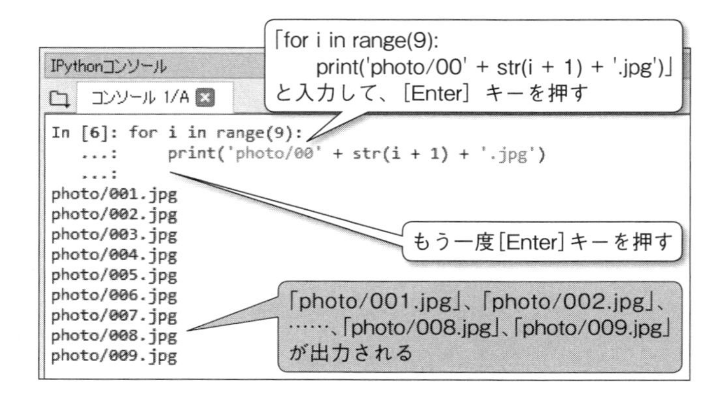

これで、for文で繰り返しが行われるたびに、ファイル名の数字を「001」から1つずつ増やすイメージがつかめたはずです。次項では、sample1.pyのファイル名が記述されている2ヵ所を書き換えます。

コード　変更前

```
12 for i in range(9):
13     mtime = os.path.getmtime('photo/004.jpg')
14     dt = datetime.datetime.fromtimestamp(mtime)
15     dpath = 'photo/' + dt.strftime('%Y%m%d')
16 
17     if os.path.isdir(dpath) == False:
18         os.mkdir(dpath)
19 
20     shutil.move('photo/004.jpg', dpath)
```

コード　変更後

```
12 for i in range(9):
13     mtime = os.path.getmtime('photo/00' + str(i + 1) + '.jpg')
14     dt = datetime.datetime.fromtimestamp(mtime)
15     dpath = 'photo/' + dt.strftime('%Y%m%d')
16 
17     if os.path.isdir(dpath) == False:
18         os.mkdir(dpath)
19 
20     shutil.move('photo/00' + str(i + 1) + '.jpg', dpath)
```

変更

変更

前章までは、記述されている特定の１つのファイルのみ処理するプログラムでしたが、for文による繰り返しを用いることで、プログラムを一度実行すると001.jpgから009.jpgまで処理できるようになりました。

さっそく動作確認してみましょう。実行前に、念のため「photo」フォルダーが元の状態（66ページの図4-1-3）になっているか確認しましょう。もしそうでなければ、元の状態に戻しておいてください。

確認できたら、Spyderの▶（[ファイルを実行]）ボタンをクリックして実行してください。すると、「photo」フォルダーは図7-4-1のような状態になります。

行われた処理は以下のとおりです。

・001.jpg ～ 009.jpgの９つの画像のそれぞれの更新日からフォルダーを作成
・更新日のフォルダーに、各ファイルを移動

実際の処理の流れとしては、１つの画像に対するフォル

PC › Windows (C:) › bbpy › photo　　photoの検索

名前	更新日時	撮影日時	種類
20181019	2018/11/09 13:32		ファイル フォルダー
20181026	2018/11/09 13:32		ファイル フォルダー
20181027	2018/11/09 13:32		ファイル フォルダー
20181028	2018/11/09 13:32		ファイル フォルダー
20181031	2018/11/09 13:32		ファイル フォルダー
20181109	2018/11/09 13:32		ファイル フォルダー

図7-4-1　sample1.py実行後の「photo」フォルダー内の様子

ダー作成とファイル移動が9回繰り返し行われることになります。

また、その繰り返しの中では、ファイルの更新日が同じ場合の対処（同じ名前のフォルダーが存在するなら作成しない）として用いたif文（6章）の処理も正しく行われています。更新日が同じ003.jpgと004.jpg、005.jpgの3つは、「20181027」フォルダーに、007jpgと008.jpgは「20181031」フォルダーに移動しています。

以上で、4章から取り組んできた作例1の中心となる機能ができあがりました。次章では、作成したフォルダーの数を「～個のフォルダーを作成しました。」と表示する機能を作ります。

それでは、次章に備えて「photo」フォルダーの中を元の状態（66ページの図4-1-3）に戻しておいてください。

なお、ここまで作成したプログラムは、動作確認のたびに、フォルダーが計6つ作成され、9つのファイルが移動されるようになっています。その状態から、ファイルを元の位置に戻し、フォルダーを削除するのは、少々手間かもしれません。

そこで、動作確認前に「photo」フォルダーを丸ごとコピーして、別の場所に保存しておくことをおすすめします。動作確認後、次に備えて元に戻す際は、コピーした「photo」フォルダーに置き換えるとよいでしょう。

8章
変数を利用して、作成したフォルダー数を取得する

8.1 処理の流れの中で、変数の値を変化させるとは？

ここまで5章と7章で変数を使ってコードを記述しました。本章では、変数のより実践的な使い方として、処理が行われる中で変数の値を変化させることについて解説します。

まず、本節でその概念やメリットを紹介し、IPythonコンソールを用いた体験を行います。そのあと次節で、変数の値を変化させるコードをsample1.pyに記述して、作成されたフォルダー数をメッセージのかたちで出力する機能を追加します。

本章で学ぶ変数が、これまで使った変数と異なる点

まず、本書でここまで使った変数と、本章で使う変数は、どの点が異なるのかを説明します。これまで紹介した変数は、以下のようなものでした。

・変数に値（数値や文字列など）を代入し、以降その値を使いたい箇所で変数名を記述（**5.5節**など）
・for文の繰り返し処理が行われるたびに、変数の値が（0から始まり）１ずつ増えていく（７章）

本章で学ぶ変数の使い方は、処理の流れの中で、変数の現在の値（数値）に指定した値を加えて増やすものです。加える以外にも、減らしたり、掛けたり、割ったりといった演算を行えます。

そのコードは、変数と「累算代入演算子」という演算子を組み合わせて記述します。累算代入演算子は、すでに代入されている変数の値に、指定した値を累算した結果の値を代入する演算子です。変数に値を加えるときは「+=」演算子を使います（これ以外の演算子については、次ページの「主な累算代入演算子」というコラムで紹介します）。「+=」演算子を使うと、変数の値を任意の値だけ増やすことができます。

既出の２種の変数と本章で使う変数を、それぞれ大まかに示すと次ページの図8-1-1のようになります。これらの違いを説明すると、**5.5節**などで登場した変数は一度値を代入したら、その後は増やさずに、そのままの値を処理に用います。７章のfor文の変数と、本章で使う変数は、ともに処理の流れの中で値が増えていきます。７章の変数は、for文の仕組みによって値が自動で増えます。一方、本章で使う変数は、値を増やすコードをプログラマーが記述するところが違います。

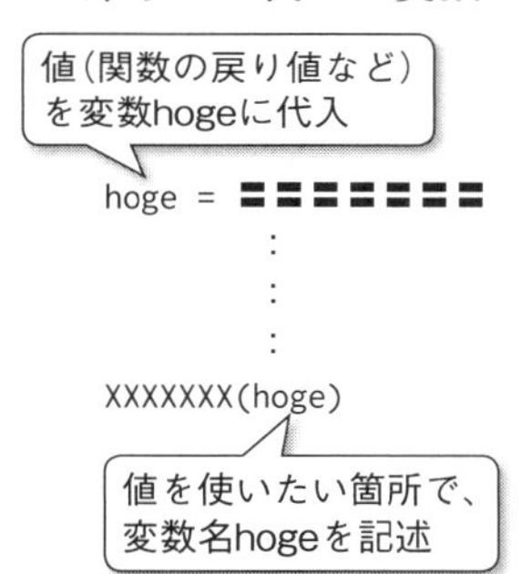

7章で使ったif文の変数

繰り返しのたびに、変数iの値が0から1ずつ自動で増えていく

```
for 変数i in range(9)
    繰り返す処理
```

図8-1-1　5.5節と7章の変数と、本章で使う変数の違い

COLUMN

主な累算代入演算子

主な累算代入演算子には以下があります。

累算代入演算子	行える演算
-=	指定した値を減らす
*=	指定した値を掛ける
/=	指定した値で割る

累算代入演算子による代入

前項の内容から、今回学ぶ変数は、変数に値を代入するという点で**5.5節**などで使っている変数と似ていることがわかります。しかし、値の変更のされ方が異なります。この点を確認しましょう。

5.5節などで、変数に値を代入する際に使う「=」は代入演算子です。変数という箱に対して指定の値を代入します。もし、値を代入した変数に対して、再び「=」を用いて新たな値を代入すると、もともと代入されていた値が新しい値に上書きされます。

本章で使う「+=」などの累算代入演算子は、すでに代入されている変数の値に対して、指定する値で加算などの演算を行います。

たとえば、hogeという名前の変数に「5」を代入しているとします。この変数に、代入演算子「=」で「1」を代入すると、変数の値は「1」となりますが、累算代入演算子「+=」で「1」を代入すると、変数の値である「5」に1が加えられ、「6」となります（次ページの図8-1-2）。

累算代入演算子を使えると、変数の用途が広がりそうな印象は持てたのではないでしょうか。しかし、これだけでは具体的な実用例をすぐに思い浮かべにくいでしょう。そこで、次項ではIPythonコンソールを使って、いくつかの累算代入演算子を体験してもらいながら、そのメリットなどを紹介していきます。

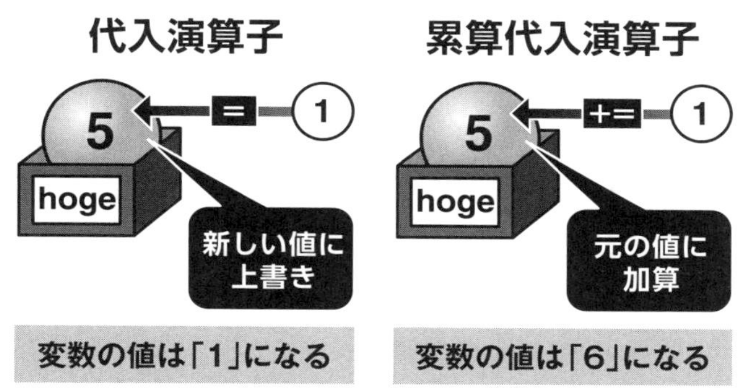

図8-1-2　累算代入演算子「+=」で「1」を代入すると、変数の値に1が加えられる

累算代入演算子で、指定の値を加える／減らす

ここでは、IPythonコンソールを用いて「+=」演算子を中心に、累算代入演算子を体験してもらいます。「+=」演算子を使って、変数に指定の値を加えるときの書式は次のとおりです。

書　式

```
変数 += 増やす値
```

左辺には変数を記述し、右辺には変数に加えたい値を記述します。たとえば、変数hogeの値に1を加えるなら、次のように記述します。

```
hoge += 1
```

このコードをIPythonコンソールで体験してみましょう。まずは、変数を用意し、値を代入するコードを記述します。今回は変数名をhogeにして、5を代入することにします。IPythonコンソールに「hoge = 5」を入力・実行してください。

これで、変数hogeの値が5になります。ここで代入する値は、累算代入演算子を用いるうえで、変数の最初の値となります。そのため、こうした最初に代入する値のことは一般的に「初期値」と呼びます。

続けて、「hoge += 1」を入力・実行してください。これで、変数hogeの値に1を加えたことになります。この時点での変数hogeの値を確かめるため、変数名の「hoge」だけを入力し、[Enter] キーを入力してください。すると6が出力されます。

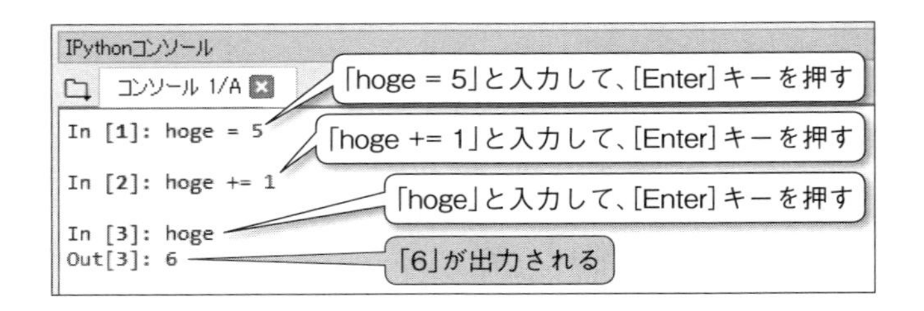

変数hogeは最初に5を代入しました。そのあと、「hoge

+= 1」を実行したため、初期値の5に1が加えられ6になります。その値が出力されたのです。

次に、再び「hoge += 1」を入力・実行して、同様に変数hogeの値を確かめると、今度は7が出力されます。

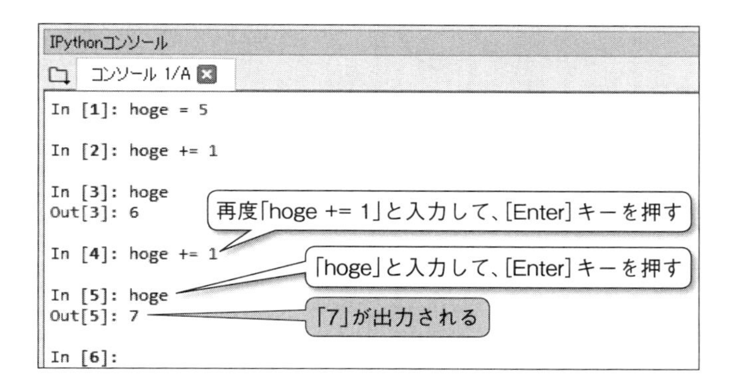

変数hogeの値6に1が加えられ7になったことがわかりました。では、続けて今度は「-=」演算子を試してみましょう。書式は、「+=」のときと同じです。今回は、5減らすことにします。「hoge -= 5」と入力・実行して、変数hogeの値を確かめると、2が出力されます。

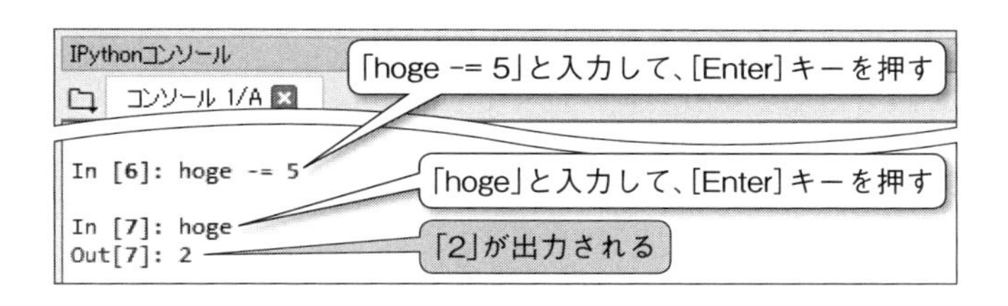

変数hogeの値7から5が減らされたため、2となっています。このように、変数に任意の初期値を指定しておき、そこから「+=」や「-=」といった累算代入演算子で、任意の値を変数に加えたり、減らしたり、といったことができます。

こうした処理は、たとえば、ある条件を満たす場合に、変数の値を増減させたいときに使えます。具体例をあげると、ゲームのプログラムで、変数に主人公の経験値を代入し、ステージをクリアするごとに値を加えたり、別の変数に主人公の体力値を代入し、時間とともに値が減ったりといった仕組みを作る際に使えるでしょう。

8.2 作成されたフォルダー数を取得し、出力する

前節で学んだ累算代入演算子の「+=」演算子を使って、本節では、作例1に新しい機能を追加します。最初に、追加する機能とそれを実現するための考え方を紹介してから、実際にsample1.pyにコードを追加します。

フォルダーが作成されると、変数の値に1ずつ加えるようにする

まずは、今回追加する機能を確認します。現在、sample1.pyのプログラムを実行すると、画像ファイルの更新日が名前のフォルダーが作成されます。そのフォルダー数を確認できる「〜個のフォルダーを作成しまし

た。」というメッセージをIPythonコンソールに出力するコードを追加します。

この機能を実現するには、以下の２つの処理を考える必要があります。

・作成されたフォルダー数を取得する処理
・取得したフォルダー数を出力する処理

１つ目の、「作成されたフォルダー数を取得する処理」の実現方法はいくつか考えられます。その１つが、本章で学んでいる変数と「+=」演算子を用いる方法です。作成されるフォルダー数を変数に代入する方法となります。処理の流れの中で、フォルダーが作成されるたびに変数の値に１ずつ加えていき、最終的なフォルダー数を取得します。

他には、作成されたフォルダー数を最後にまとめて数える方法で考えることもできます。これについては、242ページのコラムで紹介します。

２つ目の、「取得したフォルダー数を出力する処理」は、これまで何度か用いたprint関数を使えばよいでしょう。そこで、以降は「作成されたフォルダー数を取得する処理」に絞って説明します。

「作成されたフォルダー数を取得する処理」を、変数と「+=」演算子を用いる方法で実現するメリットは、ここまでsample1.pyで使用した、for文とif文で行われる処理の流れの中で使いやすいことにあります。for文とif文で行

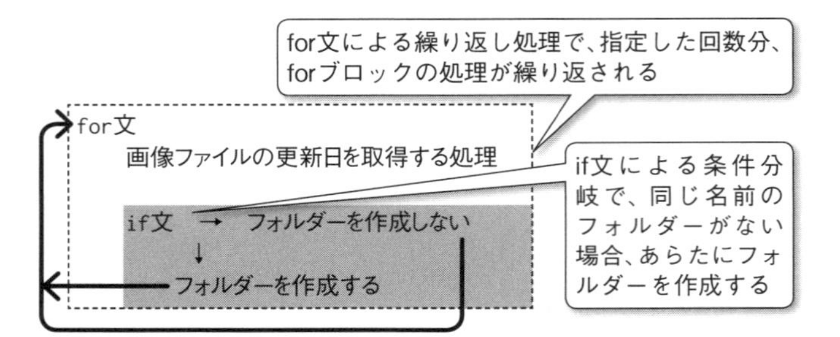

図8-2-1　for文とif文で行われる処理の流れの確認

われる処理の流れを、図を見ながらあらためて確認してみましょう。

図8-2-1に示したfor文とif文の処理の流れの中で特に確認しておきたいのが、フォルダーを作成する処理は、if文の条件分岐のあと（ifブロック）に行われる点です。条件分岐で、フォルダーを作成するコードが実行されたあと、前項で学んだ「+=」演算子を使ったコードが実行されるようにすれば、フォルダーが作成されるたびに、変数の値に1つずつ加えられていく仕組みを作れます。

「+=」演算子で値を加えていく変数の初期値は、フォルダーが作成される前の状態の値、つまり「0」としておけばよいことになります。変数の値は0で始まり、for文で繰り返す中でのifブロックにて、フォルダーが作成されたら「+=」演算子で変数の値に1加え、ふたたびfor文の先頭に戻り、フォルダーが作成されなければ値を加えずに、for文の先頭に戻ります（次ページの図8-2-2）。この処理を9つの画像ファイルの分だけ繰り返します。

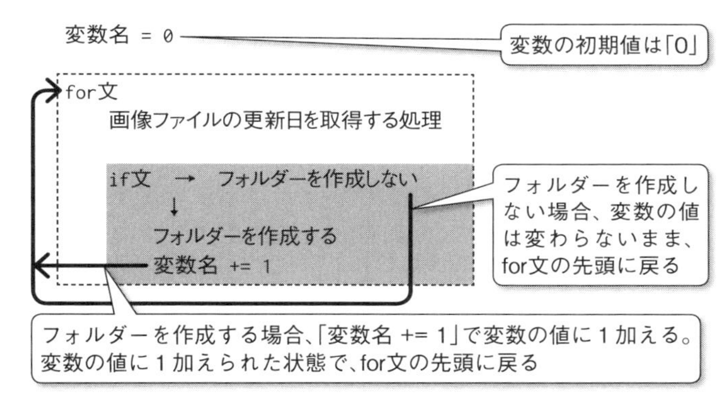

図8-2-2　変数の値は「0」で始まり、ifブロックでフォルダーが作成されたら「+=」演算子で変数の値に1加える

この処理は、for文で指定している回数分（現時点では9回）繰り返されます。処理が終わった時点で、変数に代入されている値は、作成されたフォルダー数です。for文で繰り返される処理の回数ではありません。if文の条件分岐で、条件を満たした回数（＝作成されたフォルダー数）となることを覚えておきましょう。

変数の初期値と、変数の値に1ずつ加えるコードを追加する

それでは、前項で確認した内容を念頭に、sample1.pyに2つのコードを追加しましょう。変数名は既存のものと重複さえしなければ何でもよいのですが、今回はフォルダー数を示す意図で「fldnum」とします。

まずは初期値です。フォルダーが作成される前の状態ですから、「0」を代入することになります。

コード

```
fldnum = 0
```

次は、変数の値に1ずつ加えるコードです。フォルダーが作成されるたびに、変数fldnumの値に1ずつ加わるようコードを記述します。前項で学んだとおり、「+=」演算子を用いるコードは以下となります。

コード

```
fldnum += 1
```

それぞれのコードを記述する位置は、以下のとおりです。前項で確認した、for文とif文の処理の流れに沿って考える必要があります。

・fldnum = 0　　for文の処理が始まる前（for文より前）に記述
・fldnum += 1　フォルダーが作成されるコードのあと（ifブロック内）

「fldnum = 0」は、for文より前に記述します（今回は、import文とfor文の間に記述します）。forブロック内に入れてしまうと、処理が繰り返されるたびに変数fldnumに0が代入され、値が0に戻ってしまいます。
「fldnum += 1」は、字下げに要注意です。Pythonでは、行頭の字下げによってそれぞれのブロックを判別するようになっていることは、これまでも説明しました。今回のコードをifブロック内の一部と判別させるため、行頭を8文字分字下げする必要があります。

forブロックやifブロックに慣れていないうちは、追加するコードの字下げの位置間違いが原因で、意図しない処理結果となることがよくある、と覚えておきましょう。

それでは、2つのコードをそれぞれの位置に、以下のように追加してください。

コード　変更前

```
 8 import os
 9 import shutil
10 import datetime
11
12 for i in range(9):
13     mtime = os.path.getmtime('photo/00' + str(i + 1) + '.jpg')
          :
          :
17     if os.path.isdir(dpath) == False:
18         os.mkdir(dpath)
19
20     shutil.move('photo/00' + str(i + 1) + '.jpg', dpath)
```

▼

コード 変更後

```
8  import os
9  import shutil
10 import datetime
11
12 fldnum = 0        ← 追加
13
14 for i in range(9):
15     mtime = os.path.getmtime('photo/00' + str(i + 1) + '.jpg')
          :
          :
19     if os.path.isdir(dpath) == False:
20         os.mkdir(dpath)
21         fldnum += 1   ← 追加
22
23     shutil.move('photo/00' + str(i + 1) + '.jpg', dpath)
```

これで、変数fldnumは初期値として0が代入された状態で処理が始まります。for文とif文の処理を経て、フォルダーが作成されるたびに、変数fldnumの値に1ずつ加えられ、最終的に作成されたフォルダー数を取得できるプログラムになりました。

追加したコードの動作確認をする目的も兼ねて、次項では、作成されたフォルダー数を「〜個のフォルダーを作成しました。」というメッセージで出力するコードを追加します。

作成されたフォルダー数をメッセージ形式で出力する

前項で追加したコードによって、作成されたフォルダー数は、変数fldnumに代入されるようになっています。本項では、これを使って「〜個のフォルダーを作成しました。」というメッセージ形式で出力するコードを追加します。

出力先はIPythonコンソールにします。そのため、これまで何度か使用したprint関数で出力します。

print関数の引数は、変数fldnumに代入されている値と、「個のフォルダーを作成しました。」という文字列を、+演算子で連結するコードを指定することになります。変数fldnumの値は数値なので、そのままだと文字列と連結できません。そこで、変数fldnumを**7.4節**でも使ったstr関数（216ページ）で文字列に変換してから、+演算子で文字列「個のフォルダーを作成しました。」と連結するように記述します。

目的のコードは以下になります。

コード

```
print(str(fldnum) + '個のフォルダーを作成しました。')
```

このコードは、すべての処理が終了したあとに実行されるものです。そのため、プログラムの最後に追加します。ただし、for文で繰り返したい処理ではないので、forブロックのあとの行に、インデントによる字下げなしで記述します。forブロックとは別の処理であることをわかりやすくするため、forブロックとの間に空の行を入れましょう(字下げがあると、空の行を入れてもforブロックの一部となってしまいます)。

では、このコードをプログラムの最後に追加してください。

コード 変更前

```
14 for i in range(9):
15     mtime = os.path.getmtime('photo/00' + str(i + 1) + '.jpg')
          :
          :
19     if os.path.isdir(dpath) == False:
20         os.mkdir(dpath)
21         fldnum += 1
22
23     shutil.move('photo/00' + str(i + 1) + '.jpg', dpath)
```

▼

コード 変更後

```
14 for i in range(9):
15     mtime = os.path.getmtime('photo/00' + str(i + 1) + '.jpg')
          :
          :
```

```
19      if os.path.isdir(dpath) == False:
20          os.mkdir(dpath)
21          fldnum += 1
22
23      shutil.move('photo/00' + str(i + 1) + '.jpg', dpath)
24
25  print(str(fldnum) + '個のフォルダーを作成しました。')
```

追加

これで目的の機能のコードは完成です。Spyderのツールバーにある▶（[ファイルを実行]）ボタンをクリックして動作確認すると、IPythonコンソールに「6個のフォルダーを作成しました。」と出力されます。

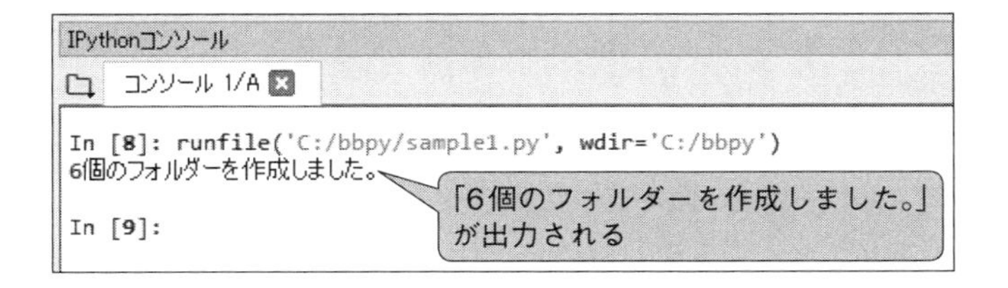

実行後の「photo」フォルダー内は、次ページの図8-2-3のようになっています。フォルダーやファイルは、前章で行った動作確認の結果と同じく以下のようになっています。

・「photo」フォルダー

PC > Windows (C:) > bbpy > photo　　photoの検索

名前	更新日時	撮影日時	種類
20181019	2018/11/09 13:53		ファイル フォルダー
20181026	2018/11/09 13:53		ファイル フォルダー
20181027	2018/11/09 13:53		ファイル フォルダー
20181028	2018/11/09 13:53		ファイル フォルダー
20181031	2018/11/09 13:53		ファイル フォルダー
20181109	2018/11/09 13:53		ファイル フォルダー

図8-2-3　sample1.py実行後の「photo」フォルダー内の様子

「20181019」、「20181026」、「20181027」、「20181028」、「20181031」、「20181109」という計6つのフォルダーが作成されている。

・上記の6つのフォルダー内

　画像ファイルが、それぞれの更新日が名前のフォルダー

フォルダー数を「数える」関数を用いた方法の場合

　本章では、累算代入演算子を用いた変数で目的の機能を作りました。for文とif文の処理の流れの中で「作成されたフォルダー数を取得する処理」を行うコードを記述していますが、累算代入演算子を用いた変数以外の方法でも、目的の機能を作れます。その一例が、作成されたフォルダー数を「数える」ための関数を用いる方法です。具体的なコードはサポートページ（2ページにURLを掲載）で紹介します。

に移動している。

作成されたフォルダー数は、IPythonコンソールにメッセージ形式で出力されたフォルダー数「6」と同じになり、意図どおりに動作していることが確認できます。

動作確認が済んだら、「photo」フォルダーの中を元の状態（66ページの図4-1-3）に戻し、次章へ進んでください。

累算代入演算子を用いて変数を扱う実践的な例

累算代入演算子を用いることで、処理の流れの中で変数に値を加えたり、減らしたりするなどしながら、変数の値を変えられることを学びました。本節で取り組んだのは、その実践的な利用例の１つでした。ほんの一例でしかないため、今回学んだ使い方が「変数のより実践的な使い方」と言われても、まだピンときにくいかもしれません。そこで本項では、入門者レベルの読者の方にとって、もう少し実践的なイメージを持ってもらいやすくする例をいくつか紹介します。

・ゲームなどのプログラムの中で増減させたい値を管理する

前節の中でも少し紹介しましたが、ゲームのプログラムの中で、登場人物の経験値や体力値を変数で管理する例です。ゲームの進行具合によって、経験値に値を加えたり、体力値を減らしたりする仕組みを作るうえで、累算代入演算子を用いる変数が使えるでしょう。

ここではゲームのプログラムを切り口にした例を紹介していますが、プログラムの処理が進む中で値を変化させる仕組みは、ゲームでの用途に限りません。何らかのソフトやアプリで、ユーザーの利用回数によってユーザーのランクを変化させるような仕組みも実現できます。

・押す回数分、数量が増減する［+］［−］ボタンを作成する

タブレット端末などで使うショッピングアプリの画面上に表示される［+］［−］ボタンを押すと、注文数が増減するといった仕組みに使う例です。注文数を変数に代入し、［+］ボタンを1回押すと、変数の値に1が加えられ、［−］ボタンを押すと値が1つ減る、という機能を実現できます。

本章で説明した累算代入演算子を用いる変数の用途は、非常に多彩です。今後、みなさんがPythonの経験を積み上げていく中で、徐々にさまざまな用途を覚えていけるでしょう。そのためには、Pythonの経験豊富な人が作ったプログラムを見るなどして、どういった変数の使い方をしているのか、研究してみるとよいでしょう。

本章で追加する機能については以上となります。次章では、sample1.pyの使い勝手がさらによくなるように、既存の機能を改良して、プログラムを発展させます。

9章
ファイル名やファイル数に関係なく処理できるようにしよう

9.1 ファイルの名前や数に関係なく処理するには

本章では、作例1のプログラムsample1.pyを、どのような画像ファイル名でも、また、ファイル数がいくつでも処理できるようにプログラムを発展させます。その中で「リスト」という仕組みを新たに学びます。

現在のプログラムにある問題

sample1.pyは、7章でプログラムを書き換え、一度実行すれば001.jpg～009.jpgを処理できるようになっています。

しかし、処理できるファイル名は「00●（1桁の連番）.jpg」という形式のもの（**7.4節**）のみで、2桁の連番や拡張子が「.png」など、それ以外の形式の名前だと処理できません。また、for文での繰り返し処理を「9」で指定しているため（211ページ）、処理できるファイルの数は9つまでです。

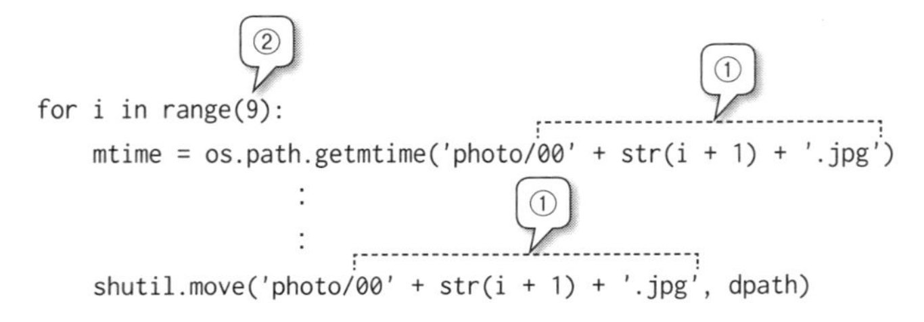

もし10ファイル以上を処理することになると、ファイル名の形式とfor文の指定の部分を、ファイル数に合わせて変更する必要があります。

このように現在のプログラムだと、処理できるファイル名とファイル数が制限されてしまう問題があります。この問題を解消し、どのようなファイル名でも、また、ファイルの数がいくつでも処理できるようにプログラムを書き換えましょう。

「リスト」を軸に問題を解消する

前述の問題を解消する方法は何とおりか考えられます。その中で、本書では「リスト」という仕組みを軸とする方法を用います。リストだけでは、ここでの問題を解消できないため、for文と組み合わせて使います。

また、リストとfor文の組み合わせに加え、処理したいファイル名の一覧を取得する処理が必要となります。そのために、「os.listdir」という関数を用います。

つまり、本章では以下の３つを使って、ファイル名とファイル数に関係なく処理できる仕組みを作っていくことになります。

・リスト
・for文
・ファイル名の一覧を取得するos.listdir関数

上記の３つを組み合わせて、指定のフォルダー内にあるすべてのファイルを処理する仕組みを作ります。７章で書き換えた際とは、目的を実現するための考え方を少し変えている点を確認してください。

７章では、ファイル名の記述形式を「00●（1桁の連番）.jpg」とすることで対応させる考え方でした。また、処理したいファイル数に合わせて、処理を繰り返す回数をfor文のrange関数に指定する考え方で記述していました。

これらの考え方を、今回は「指定のフォルダー内にあるすべてのファイルの名前を取得する」という考え方で仕組みを作ることになります。すべてのファイルの名前を取得すれば、ファイルの総数もわかります。

次節以降で学ぶ内容は以下のとおりです。

・**9.2節**……リストの基礎を学び、IPythonコンソールで体験
・**9.3節**……リストとfor文を組み合わせる方法を学び、

IPythonコンソールで体験

- **9.4節**……ファイル名の一覧を取得するos.listdir関数を学び、IPythonコンソールで体験
- **9.5節**……sample1.pyのコードの書き換え

ここまで読むと、7章で学んだ内容が、作例1の機能としては問題があるものだったことに疑問を感じるかもしれません。しかし、7章で学んだことは、入門者の方にとってはPython、およびプログラミングの重要な基礎を含んでいました。7章の内容を学んでおくことで、本章で学ぶリストを軸とする仕組みの実用イメージと、そのメリットについて理解を深めることができます。

これまで何度か紹介したように、本書は“回り道”をしながら入門者の方にPythonの基礎を学んでいただく方針ですので、何卒ご了承ください。

9.2 リストの基礎を学ぼう

本節では、リストの基礎を学びます。リストは、**5.5節**で学んだ変数の知識をベースにすれば、理解しやすいでしょう。そこで、まずは変数の基礎を確認しつつ、リストの概念から説明していきます。

「リスト」とは

「リスト」とは、複数の変数が集合したものです。日常生活で「リスト」といえば、名簿や部品表など、似たような

種類のデータが並んだものを指します。Pythonの「リスト」も、数値や文字列といった値（データ）が代入された変数が並んだものであり、本質的には同じです。

5.5節で変数の基礎を紹介したとき、変数は値を入れる“箱”のようなものと説明しました。リストはその“箱”が順番に並んだものというイメージになります。リストの中の“箱”には、それぞれ異なる値を入れられます（図9-2-1）。リストの“箱”は一般的には「要素」と呼ばれます。

リストを使うメリットは、複数の値をまとめて扱いやすくなることです。たとえば、複数の値を順に処理したい場合、リストを使うと、通常の変数を複数使うよりも効率よく処理できるプログラムを、より簡潔なコードで記述できるようになります。

Point

- リストは複数の“箱”の集合
- リストを使えば、より効率的なプログラムを書ける

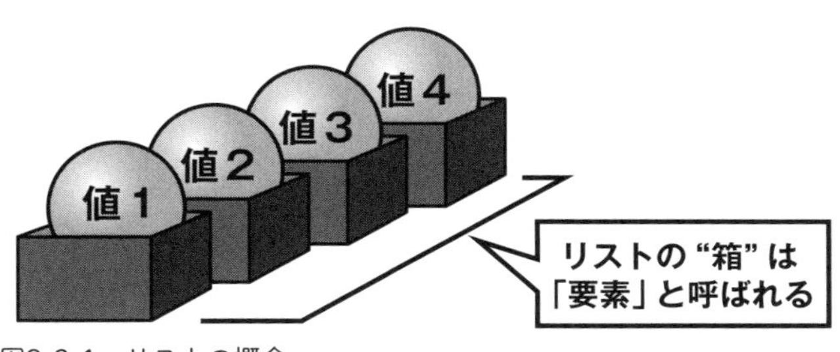

図9-2-1　リストの概念

リストの基本的な使い方

リストの基本的な使い方とそのコードの書き方を順に解説します。まずはリストを作成するコードです。書式は次のとおりです。

書　式

```
[値1, 値2, 値3, ……]
```

半角の「[]」の中に、必要な値を「,」区切りで必要な数だけ並べていきます。値には、数値だけでなく文字列も指定できます。「,」のあとの半角スペースは入れなくても構いませんが、本書では見やすさを考慮して入れることにします。

上記の書式に沿って記述することでリストとして必要な数の要素が用意され、値が先頭から順に代入されます。

たとえば、次のように記述すると4つの要素からなるリストが生成され、5、9、17、11という4つの数値が先頭から順に代入されます。

コード

```
[5, 9, 17, 11]
```

また、次のように記述すると、3つの要素からなるリストが生成され、「りんご」、「みかん」、「バナナ」という3つの文字列が先頭から順に代入されます。

コード

```
['りんご', 'みかん', 'バナナ']
```

リストを変数に代入して使う

リストは変数に代入して使うことができます。リストは変数の集合ですので、変数の集合をさらに変数に入れて使うかたちになります。リストを変数に代入すると、以降の処理でリストをその変数名で操作できるようになり、コードがシンプル化するなどのメリットが得られます。

リストを変数に代入する書式は次のとおりです。先ほどのリスト作成のコードを、丸ごと変数に代入するコードになります。

書　式

```
変数名 = [値1, 値2, 値3, ……]
```

これで、リストをその変数名で、以降の処理で操作できるようになります。ここで指定する変数名はリストの名前となり、一般的には「リスト名」と呼ばれます。

リストを変数に代入する例をあげます。たとえば、先ほど例にあげた3つの文字列「りんご」、「みかん」、「バナナ」からなるリストを、「ary」という変数に代入するなら、次のように記述します。

コード

```
ary = ['りんご', 'みかん', 'バナナ']
```

これで、このリストを「ary」という名前で操作可能となり、以降の処理で使えるようになります。

変数名でリストを操作する代表例が、リストの各要素に代入されている値を取得することです。その際、複数ある中のどの要素を操作対象とするかは、「インデックス番号」という仕組みで指定します。インデックス番号とは、0から始まる整数の連番です。リストの先頭から何番目の要素なのか、インデックス番号で示すことで、目的の要素を指定します（図9-2-2）。

ここで注意してほしいのが、インデックス番号が1ではなく、0から始まることです。たとえば、先頭から３番目の要素なら、インデックス番号は2になります（先頭の要素なら0、２番目の要素なら1となります）。「1から始まる」と勘違いしやすいので気をつけましょう。

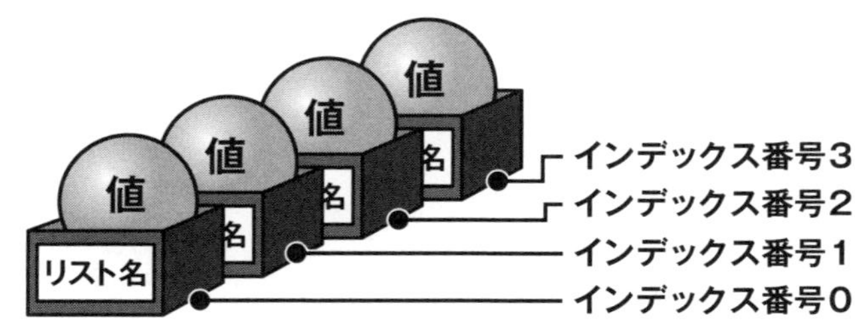

図9-2-2　リスト名とインデックス番号

リストで指定した要素の値を取得するコードの書式は、次のとおりです。

書 式

```
リスト名[インデックス番号]
```

リスト名（リストを代入した変数名）に続けて、「[ ]」の中にインデックス番号を指定します。たとえば、先ほど例にあげたリストaryにて、２番目の要素を取得するには、次のように記述します。

コード

```
ary[1]
```

インデックス番号は0から始まるので、先頭の要素なら0です。今回は先頭から２番目の要素を取得したいので、インデックス番号は1を指定すればよいことになります。

各要素の値は取得するだけでなく、値を代入することで、別の値に変更することもできます。書式は次のとおりです。

書 式

```
リスト名[インデックス番号] = 値
```

たとえば、リストaryの2番目の要素の値を文字列「いちご」に変更するには、次のように記述します。

コード

```
ary[1] = 'いちご'
```

Point

・リストは変数に代入して操作できる
・代入した変数名がリスト名になる
・操作したい要素は「リスト名[インデックス番号]」で指定
・インデックス番号は0から始まる

リストの基礎を体験しよう

リストの基礎への理解を深めるため、IPythonコンソールで体験しましょう。

まずはリストの生成です。先ほど例にあげたものと同じく、リスト名は「ary」、要素は3つの文字列「りんご」、「みかん」、「バナナ」とするリストを生成してみましょう。以下のコードをIPythonコンソールに入力して実行してください。

IPythonコンソール

```
ary = ['りんご', 'みかん', 'バナナ']
```

これでリストaryを生成できました。中身を見てみましょう。リスト名の「ary」のみを入力してください。

IPythonコンソール

```
ary
```

すると、次の画面のように「['りんご', 'みかん', 'バナナ']」と表示されます。このように、リスト名だけを入力すると、リスト生成のコードと同じかたちで要素の一覧が出力され、リストの中身を確認できます。

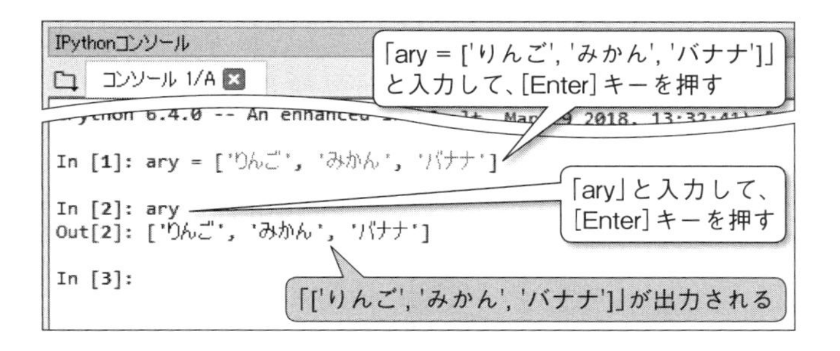

次に、ひとつひとつの要素の値を取得してみましょう。今回は、リストaryの２番目の要素にします。２番目の要素なので、インデックス番号は1になります。以下を入

力・実行してください。

IPythonコンソール

```
ary[1]
```

すると、２番目の要素である文字列「みかん」が取得されて、その値が出力されます。１番目や３番目の要素も出力してみるとよいでしょう。

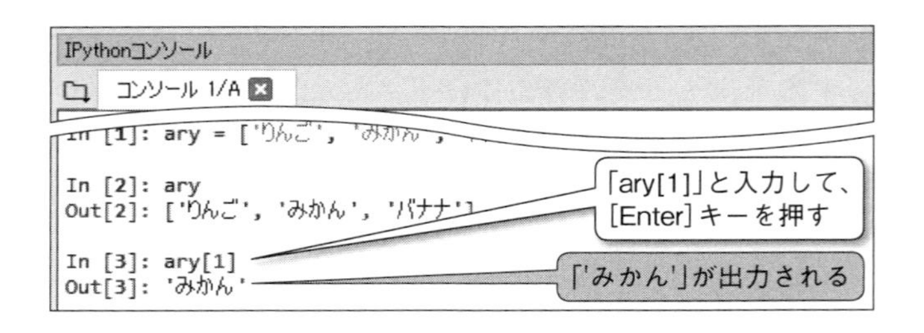

リストの要素の値を変更する体験は、ここでは割愛しますが、興味があれば次ページのコラムで紹介するコードを参考に試してみるとよいでしょう。

リストの基礎は以上です。リストの応用例の代表が、繰り返しのfor文と組み合わせる方法です。詳しくは次節で解説します。

リストの要素の値の変更

リストの要素の値を変更するには、目的の要素に値を新たに代入して上書きします。たとえば、前項のリスト「ary」の2番目の要素の値を「メロン」に変更するコードは以下になります。

コード

```
ary[1] = 'メロン'
```

9.3 リストとfor文の組み合わせ方を学ぼう

本節では、前節で基礎を学んだリストと、for文の繰り返しを組み合わせる方法を学びます。for文の基本的な概念である繰り返し処理は7章と同じです。そこで、7章で説明したときと異なる点を確認しながら説明していきます。

リストの要素を順に取り出す

リストは前節で学んだように、「リスト名[インデックス番号]」によって、ひとつひとつの要素の値の取得や変更といった操作ができます。リストをfor文の繰り返しと組み合わせれば、リストの先頭から順に、要素を取り出し、その値を操作することが可能になります。書式は以下となります。

書　式

```
for 変数 in リスト名:
    繰り返す処理
```

7章で紹介したfor文では、inの後ろにrange関数を記述し、その引数に処理を繰り返す回数を指定しました(200ページ)。今回、リストと組み合わせる上記の書式では、range関数の代わりに、リスト名（インデックス番号は付けず、リスト名だけ）を記述することで、リストそのものを指定します。

このように記述すると、繰り返すたびに、リストの先頭から要素が順に取り出され、for文の変数に代入されていきます。そういった処理がリストの要素の数だけ繰り返されます。つまり、繰り返しの回数はリストの要素数になります（図9-3-1)。その際、リストの要素を取り出すの

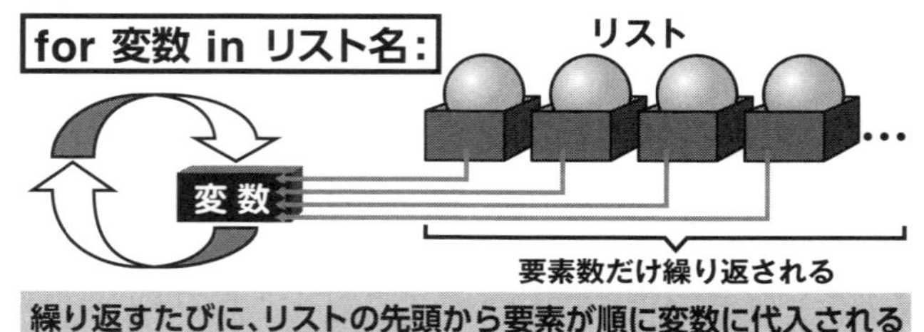

図9-3-1　for文をリストと組み合わせることで行える処理

に、前節で学んだインデックス番号を使わずとも、for文の変数に自動で順に代入されるのが特徴です。

そして、for以下のブロック内には、その変数を使って、要素の値を使っての計算や文字列生成などを行う処理のコードを記述します。これによって繰り返しの中で、リストの要素を順に処理に利用できるようになります。

リストと繰り返しの組み合わせは、コードを書いて実行しながらのほうが理解しやすいので、このあとIPythonコンソールで体験しながら学びましょう。

リストと繰り返しの組み合わせを体験

今回は、前節で用いたリストaryを使い、先頭の要素から値を順に取得して出力します。もし、前節以降、一度Spyderを終了していたら、あらかじめ252ページのコードでリストaryを生成しておいてください。

for文の変数名は何でもよいのですが、今回は「hoge」とします。inの後ろにはリスト名の「ary」だけを指定すればよいのでした。for以下のブロック内の処理は、変数hogeの値をprint関数で出力するコードを記述することにします。

以上を踏まえると、目的のコードは以下になります。

IPythonコンソール

```
for hoge in ary:
    print(hoge)
```

これで、繰り返すたびに、リストaryの要素が先頭から変数hogeに順に代入されます。すると、「hoge」によってその要素を取得し、値を操作できるようになります。そして「print(hoge)」と記述すれば、その要素の値が出力されます。では、さっそくIPythonコンソールに入力・実行してみましょう。すると、次の画面のように、要素の値が順に出力されます。

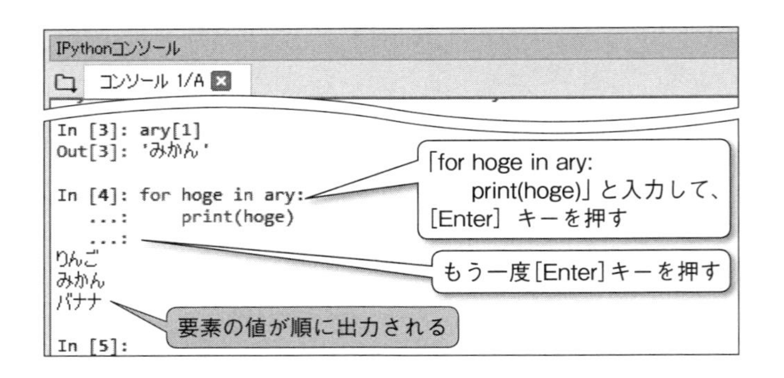

リストaryは前節で「ary = ['りんご', 'みかん', 'バナナ']」と入力し、要素は文字列「りんご」、「みかん」、「バナナ」の3つでした。したがって、先頭の要素から順に「りんご」、「みかん」、「バナナ」と出力されたのです(print関数による出力では、文字列は「'」で囲まれません)。繰り返しの回数は、要素数と同じ3回になります(次ページの図9-3-2)。

他のパターンを試すことに興味があれば、要素数の異なるリストを別途用意し、そのリストの先頭の要素から値を

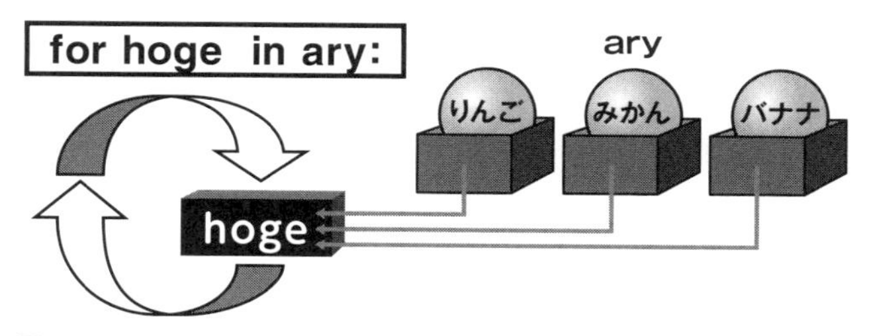

図9-3-2　IPythonコンソールで試したコードで行われた処理

順に出力できるか確認してみるとよいでしょう。

リストとfor文の繰り返しを組み合わせる方法の体験は以上です。この方法は、リストの先頭の要素から順に処理できることに加え、インデックス番号を使わずに済む、リストの要素数を意識せずにコードを書ける、などのメリットがあります。本節の体験で記述したコードや実行結果を見直し、それらのメリットを確認しておきましょう。

9.4 ファイル名の一覧を取得する方法を学ぼう

指定したフォルダー内にあるすべてのファイルを、ファイル名やファイル数に関係なく処理できるようにするには、os.listdir関数でファイル名の一覧を取得する必要があります。

ファイル名のリストを取得するos.listdir関数

ファイル名の一覧は、ファイル名のリストになります。その取得には、osモジュールのos.listdir関数を使います。

指定したフォルダーの中にあるすべてのファイルの名前を文字列として取得し、そのリストを作成する関数です。ファイル名のリストは、os.listdir関数の戻り値として取得できます。

書式は次のとおりです。

書 式

```
os.listdir(フォルダー名)
```

引数には、目的のフォルダー名を文字列として指定します。プログラムが書かれている.pyファイルと目的のフォルダーが同じ場所になければ、パス付きで指定します（71ページ）。

たとえば、作例1の「photo」フォルダー内にあるファイル名のリストを生成したければ、次のように記述します。

コード

```
os.listdir('photo')
```

このos.listdir関数をIPythonコンソールで体験してみましょう。まずは上記コードで生成したリストを変数に代入し、そのあとに出力してみます。変数名は何でもよいのですが、今回は「files」とします。

目的のコードは以下となります。なお、このコードはsample1.pyと関係がある要素を含みます。Spyderを起動してから一度もsample1.pyを実行していないと、このコード実行後にエラーが発生します（108ページ）。また、osモジュールの読み込みも必要です（70ページ）。それらを確認後、IPythonコンソールに入力・実行してください。

IPythonコンソール

```
files = os.listdir('photo')
```

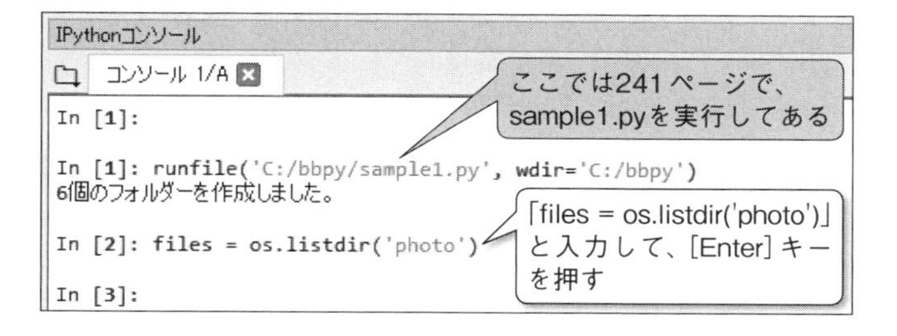

これで変数filesに、「photo」フォルダー内にあるファイル名のリストが代入されたことになります。リスト名は変数名と同じfilesです。

では、リストfilesの中身を見てみましょう。IPythonコンソールに「files」を入力してください。すると以下のように、「photo」フォルダー内にあるファイル名がファイルの拡張子も含めた文字列で、リストの形式で出力されます。「,」の後ろで改行されていますが、リスト形式のデータとなっていることを確認してください。

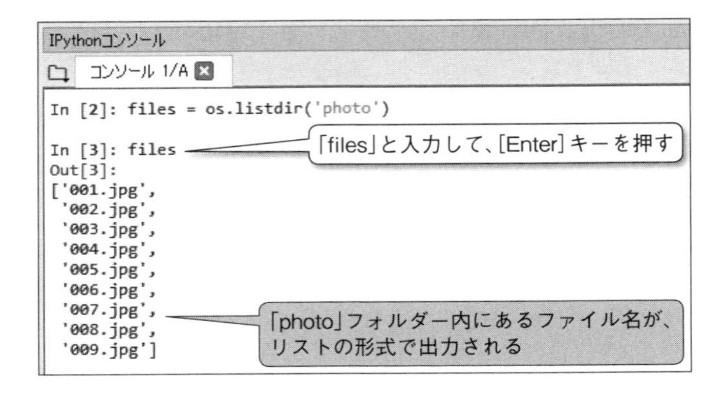

また、たとえば「files[0]」と入力すれば、先頭の要素の値である文字列「001.jpg」が出力されます。インデックス番号によって、個々の要素の値を取得できます。

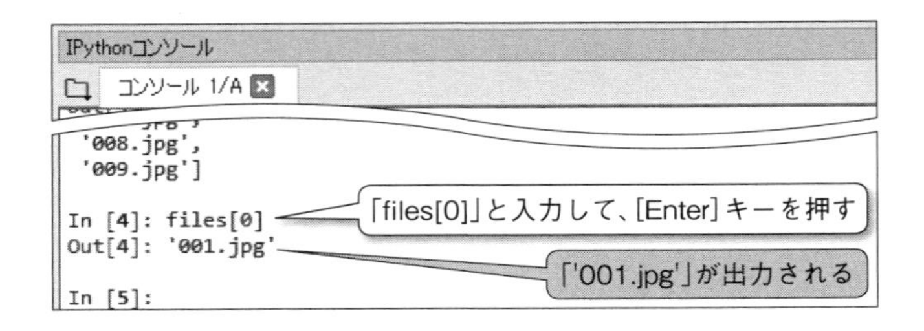

ファイル名のリストをfor文と組み合わせる

次に、このファイル名のリストfilesを、for文と組み合わせて、先頭の要素から値を順に取得し、print関数で出力してみましょう。

for文の変数名は何でもよいのですが、今回はiとします。目的のコードは以下になります。for文のinの後ろにリストfilesを指定します。ブロック内の処理は、for文の変数iをprint関数で出力するコードです。IPythonコンソールに入力・実行してみましょう。

IPythonコンソール

```
for i in files:
    print(i)
```

すると、次の画面のように、「photo」フォルダー内にあるファイル名の文字列が順に出力されます。

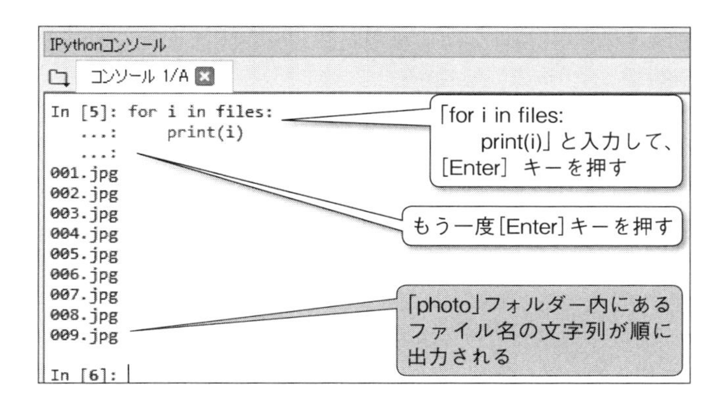

以上で、os.listdir関数で「photo」フォルダー内にあるファイル名のリストを取得する方法と、for文と組み合わせてリストの先頭から順にファイル名を処理する方法がわ

かりました。それらを踏まえ、次節にてsample1.pyのプログラムを書き換えます。

9.5 指定のフォルダー内にあるすべてのファイルを処理できるようにしよう

本節では、**9.2節～9.4節**で学んだ内容をもとに、「photo」フォルダー内にあるすべてのファイルを、ファイルの名前や数に関係なく処理できるようにsample1.pyのプログラムを書き換えます。

プログラムをどのように書き換えるのか

まずは、プログラムのどの部分を書き換えるのか、現時点でのプログラムを見ながら確認してみましょう。

コード

```
 8 import os
 9 import shutil
10 import datetime
11
12 fldnum = 0
13
14 for i in range(9):
15     mtime = os.path.getmtime('photo/00' + str(i + 1) + '.jpg')
16     dt = datetime.datetime.fromtimestamp(mtime)
17     dpath = 'photo/' + dt.strftime('%Y%m%d')
```

①「range(9)」をリストに変更

②ファイル名の記述を変数iに変更

```
18
19        if os.path.isdir(dpath) == False:
20            os.mkdir(dpath)
21            fldnum += 1
22
23        shutil.move('photo/00' + str(i + 1) + '.jpg', dpath)
24
25    print(str(fldnum) + '個のフォルダーを作成しました。')
```

②ファイル名の記述を変数iに変更

①「range(9)」をリストに変更

「range(9)」で、繰り返しの回数をrange関数で「9」と指定していた記述を、リストに変更します。リストは、001.jpgから009.jpgまでのファイル名の文字列が順に要素に代入されたものとなります。そのようなリストの作成方法は前節で学びました。

そのリストをfor文のinの後ろに指定すると、繰り返しのたびに、001.jpgから009.jpgまでのファイル名の文字列が、変数iに順に代入されていくことになります。

②ファイル名の記述を変数iに変更

変数iを、処理対象のファイルのパス付き文字列の指定に使います。ファイル名に該当する「00' + str(i + 1) + '.jpg」の部分を変数iに置き換えます。①の変更により、変数iには001.jpg ～ 009.jpgのファイル名の文字列が順に代入されているため、「i」で書き換えられます。

次項から、前述した①と②の２つに分けてsample1.pyの書き換え方を説明していきます。

ファイル名のリストを変数に代入する

前ページで示した「①「range(9)」をリストに変更」にあたる内容です。リストに変更するために、まずは「photo」フォルダー内のファイル名のリストをos.listdir関数で取得し、取得した内容を変数に代入するコードが必要となります。変数名は何でもよいのですが、前節の体験と同じfilesとします。

コード

```
files = os.listdir('photo')
```

このリストfilesは、そのあとのfor文で用いるので、上記コードを追加する場所はfor文の前になります。

次に、for文のinの後ろで「range(9)」と指定している箇所を、リストfilesに書き換えます。

コード

```
for i in files:
```

まずは、ここまでをsample1.pyに反映させましょう。

コード　変更前

```
12 fldnum = 0
13
14 for i in range(9):
15     mtime = os.path.getmtime('photo/00' + str(i + 1) + '.jpg')
```

▼

コード　変更後

```
12 fldnum = 0
13 files = os.listdir('photo')          追加
14                                      変更
15 for i in files:
16     mtime = os.path.getmtime('photo/00' + str(i + 1) + '.jpg')
```

これで前節の体験と同様に、「photo」フォルダー内にあるファイル名のリストが、変数filesに代入されます。そして、繰り返しのたびに、そのファイル名の文字列が変数iに順に代入されていくようになります。

ファイル名の記述を変数に変更する

267ページで示した「②ファイル名の記述を変数iに変更」にあたる内容です。該当となる2ヵ所の位置は、前項で追加したコード「files = ～」によって、行番号16と行番号24に変わりますので、以下、その位置で表記します。

前項の書き換えによって、変数iには、「photo」フォルダー内にあるファイル名の文字列が代入されるようになっています。したがって、行番号16と行番号24のコードで、ファイル名に該当する「00' + str(i + 1) + '.jpg'」の部分を変数iに書き換えればよいとわかります。

コード

```
'photo/' + i
```

パスの文字列「photo/」に、変数iを+演算子で連結するコードです。なお、変数iに代入されているのはファイル名の文字列となるため、str関数による変換は不要となります（7章で変数iに代入されていたのは数値でした）。

では、行番号16と行番号24の「00' + str(i + 1) + '.jpg'」の部分を上記の「' + i」に書き換えてください。

コード 変更前

```
12 fldnum = 0
13 files = os.listdir('photo')
14
15 for i in files:
16     mtime = os.path.getmtime('photo/00' + str(i + 1) + '.jpg')
17     dt = datetime.datetime.fromtimestamp(mtime)
       :
       :
22         fldnum += 1
```

```
23
24      shutil.move('photo/00' + str(i + 1) + '.jpg', dpath)
25
26 print(str(fldnum) + '個のフォルダーを作成しました。')
```

▼

コード　変更後

```
12 fldnum = 0
13 files = os.listdir('photo')
14
15 for i in files:
16      mtime = os.path.getmtime('photo/' + i)
17      dt = datetime.datetime.fromtimestamp(mtime)
        :
        :
22          fldnum += 1
23
24      shutil.move('photo/' + i, dpath)
25
26 print(str(fldnum) + '個のフォルダーを作成しました。')
```

変更

変更

これでコードの追加・変更は完了です。

sample1.pyを実行してみましょう。その前に、「photo」フォルダーの中が66ページの図4-1-3と同じ状態になっていることを確認してください。Spyderのツールバーにある▶（[ファイルの実行]）ボタンをクリックして動作確認すると、IPythonコンソールには「6個のフォルダーを作成しました。」と出力されます。

また、前章までと同様に、「photo」フォルダー内ではフォルダー作成とファイル移動が行われます（図9-5-1）。

実行結果は前章と変わりませんが、ファイルの名前や数に関係なく、同じ処理が実行できるようになっています。「photo」フォルダー内に含まれるすべてのファイルを処理の対象となるように書き換えたことで、どのようなファイル名でも処理できることになっています。その結果、ど

PC › Windows (C:) › bbpy › photo　　photoの検索

名前	更新日時	撮影日時	種類
20181019	2018/11/09 14:20		ファイル フォルダー
20181026	2018/11/09 14:20		ファイル フォルダー
20181027	2018/11/09 14:20		ファイル フォルダー
20181028	2018/11/09 14:20		ファイル フォルダー
20181031	2018/11/09 14:20		ファイル フォルダー
20181109	2018/11/09 14:20		ファイル フォルダー

図9-5-1　sample1.py実行後の「photo」フォルダー内の様子

の拡張子のファイルでも対応できるようになっていて、ExcelやWord、PDFなど、あらゆる種類のファイルに対しても同じ処理を行えます。

また、「photo」フォルダー内にあるフォルダーも同様に処理できるようになっています。実はos.listdir関数は指定したフォルダー内にあるファイル名とともに、フォルダー名も取得するのです。そのため、もし「photo」フォルダー内にフォルダーがあれば、各フォルダーの更新日が名前のフォルダーを作成し、その中にフォルダーを移動します。

試しに、sample1.pyを一度実行したあと、「photo」フォルダーの中を元の状態に戻さずに、再び実行してみてください。6個のフォルダーが作成された日付（プログラムを実行した当日）のフォルダーが1個作成され、6個のフォルダーが移動されます。

このように、リストとfor文、os.listdir関数を組み合わせて書き換えることによって、プログラムの実用性が向上したことになります。

これで、本章での書き換えは終了です。作例1の機能はすべて実装できているため、ひとまずは完成となります。次章では、「修正しやすいプログラム」という視点でプログラムを確認し、完成度の高いプログラムとなるように各所を書き換えます。

動作確認が済んだら「photo」フォルダーの中を元の状態（66ページの図4-1-3）に戻し、次章へ進んでください。

10章
機能は変えずにプログラムの完成度を高めよう

10.1 「変更がしやすいプログラム」を目指す理由

前章までで、作例1の機能はひととおり完成しました。本章では、もう一歩先に進んだ内容として、現状の機能はいっさい変更せず、「変更がしやすいプログラム」を目指して部分的に書き換えます。その前に、本節では「変更がしやすいプログラム」がどのようなものなのか、そしてなぜそのように書き換える必要があるのかを解説します。

「変更がしやすいプログラム」とは

本書では、ここまで何度かプログラムを部分的に書き換えてきました。その中には、新しく機能を追加するための書き換えと、一度記述したコードを、別の方法で記述する書き換えがありました。また、別の方法で記述する書き換えでは、もともと記述していたコードで実現していた機能を変えませんでした。

こうした書き換えをとおして、目的の機能を実現するためのコードの記述方法は、いくつかあるものなのだと理解いただけたと思います。

プログラミングの経験が浅いうちは、「目的の機能を実現できる処理結果となっていれば、どんな記述方法でもよいのでは」と考えるかもしれません。プログラムを作成した本人が、趣味の範囲で使う自分専用のプログラムであれば、それでも事足りるでしょう。

しかし、何らかの実務で使うプログラムとなるとそうはいきません。目的の機能を実現できることはもちろんのこと、できるだけ「変更がしやすいプログラム」になっていることが求められます。

プログラムは、一度完成したらそれで終わりとなることは、基本的にありません。実際に運用しながら、必要性が判明した機能のコードを追加したり、既存の機能を改善するためにコードの一部を差し替えたりします。また、運用中に判明した問題点（これらはよく「バグ」と呼ばれます）を修正したりするなど、さまざまな変更を行うのが一般的です。

プログラムは、運用しながら上記で紹介したようなメンテナンスを続けていくものなのです。これは、みなさんが普段利用するパソコンやスマホなどのOSやソフト、アプリのアップデートが行われることと似ています。

実務レベルでは、プログラムのメンテナンスを担当するのが、作成した本人であるとは限りません。同僚や社外の別のプログラマーがプログラムの中身を見て、メンテナンスを行うことがあります。業務に携わる人なら誰でも「変更がしやすいプログラム」になっていないと、メンテナンンスが行いにくくなってしまうのです。

書き換えられる箇所を探す

「変更がしやすいプログラム」の必要性がわかったとしても、入門者の方がすぐにそれを実現するのは難しいでしょう。一般的には、プログラミングの経験を重ねながら、徐々に実現できるようになるものです。目的の機能を実現するプログラムを作ったあと、「変更がしやすいプログラム」の視点で書き換えられる箇所を探し、すでに実現している機能はそのままで、適宜書き換えていく経験を重ねて

日本語でコメントを入れてコードを説明する

Pythonに限らずプログラミング言語には、「コメント」という仕組みが用意されています。コードの中に“メモ”を残すことができる機能です。その“メモ”はプログラム実行時には無視されるものであり、自由な内容を記述できます。一般的にはたとえば、どのような処理の手順なのか、変数にはどのような値を入れて使うのかなど、コードの説明を記述します。“メモ”を残す主な目的は、メンテナンスをより効率的に行うためです。

Pythonでコメントを記述するには「#」を用います。「#」に続けてコメントの内容を記述します。なお、Spyder上ではコメントは緑の文字で表示されます。

いくものなのだと考えるのがよいでしょう。
「変更がしやすいプログラム」となるように書き換えられる箇所を探す際、主に参考にするとよいのが「同じ記述をまとめる」という考え方です。
「同じ記述をまとめる」という考え方による記述は、本書では7章で体験しています。その際は、同じ処理を繰り返したい場面で、何度も同じコードを記述するのではなく、for文にまとめる方法で記述しました。

同じ記述をあらかじめまとめておけば、変更する箇所を少なくすることができます。あちこちに同じ記述があると、その中の一部を変更するときに、同じ記述の箇所すべてを変更しなければなりません（図10-1-1）。変更箇所が多い分、ミスする可能性が大きくなります。

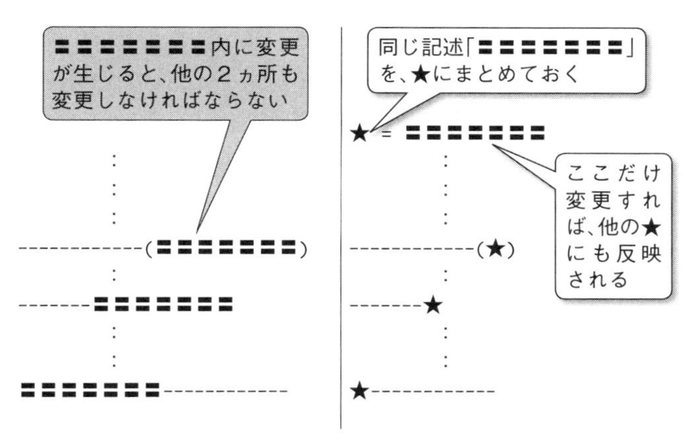

図10-1-1　同じ記述をまとめておけば、修正しやすくなる

入門者レベルのうちは、まず「同じ記述をまとめる」を徹底することをおすすめします。基本的には、同じ記述を変数にまとめるケースが多くなるはずです。次節で、そのいくつかのケースを取り上げ、作例1の該当箇所を書き換えます。

書き換えながら、プログラムの完成度を高める

ここまで紹介したことからわかるように、プログラムは運用しながらメンテナンスするのが前提です。プログラムが完全に完成することはないとも言えるでしょう。

完全な完成がない、という中で重要となるのが、できるだけ「変更がしやすいプログラム」となるように書き換えていく作業です。その作業をとおして、プログラムの完成度を高めていくことが、Pythonへの理解を深め、上達を早めることになります。

はじめのうちは、本書でここまで解説したような「入門者にとってわかりやすい方法」で記述し、目的の機能を実現できるようにプログラムを作成する作業と、プログラムの完成度を高めるために書き換える作業を、分けて行うことで問題はありません。何度かやっていくうちに、記述をまとめるコツや、関数の使いどころに慣れてきたら、最初から完成度の高いプログラムのかたちで記述すればよいでしょう。

10.2 同じ記述を変数にまとめる

「変更がしやすいプログラム」に書き換える際の基本中の基本が、プログラム中の同じ記述を変数にまとめることです。変数は、本書でもここまで何度か使っていますが、使い方自体は今回も同じです。同じ記述を変数に代入しておき、それ以降は変数名で記述していきます。

同じ記述は変数に代入してまとめる

同じ記述でよくあるのが、プログラム中のファイル名やフォルダー名といった名前の記述です。

たとえば、ファイル名やフォルダー名を変更することがあり得ます。また、作成したプログラムを別のプログラムに流用する際、ファイル名やフォルダー名を新しいプログラムの状況に合わせて書き換えることになります。

同じ記述が何ヵ所もあると、それらをすべて変更することになってしまいます。そこで、そういった箇所を探しておき、あらかじめ変数にまとめておくのです。

作例1のプログラムをあらためて見直すと、まったく同じ記述として「'photo/'」が3ヵ所残っています。

コード

```
8 import os
9 import shutil
10 import datetime
11
```

```
12 fldnum = 0
13 files = os.listdir('photo')
14
15 for i in files:
16     mtime = os.path.getmtime('photo/' + i)
17     dt = datetime.datetime.fromtimestamp(mtime)
18     dpath = 'photo/' + dt.strftime('%Y%m%d')
19
20     if os.path.isdir(dpath) == False:
21         os.mkdir(dpath)
22         fldnum += 1
23
24     shutil.move('photo/' + i, dpath)
25
26 print(str(fldnum) + '個のフォルダーを作成しました。')
```

os.path.getmtime関数の引数

変数dpathに代入する値

shutil.move関数の引数

これらの記述はすべて、画像ファイルの格納先である「photo」フォルダーの名前です。もし、フォルダー名が「photo」から変更されることになると、該当する3ヵ所のコードをすべて書き換えなければなりません。

これらは、変数にまとめておくのがよいでしょう。プログラムの最初に、「'photo/'」を変数に代入するコードを追加してまとめておけば、3ヵ所の「'photo/'」部分を変数名に書き換えられます。そうすれば、もし「'photo/'」に変更が生じても、追加した変数に代入するコードの「'photo/'」のみを修正すれば済みます。

ファイル名やフォルダー名といった名前に同じ記述があるときは、変数を用いてまとめておくようにしましょう。作例１での実際の書き換え方法は、次項で説明します。

作例１でフォルダー名の記述をまとめよう

それでは３ヵ所ある「'photo/'」を、変数を用いてまとめてみましょう。今回も変数の名前は、既存の変数と重複しなければ何でもよいのですが、ここでは「MY_DIR」とします。「_」はアンダースコアまたはアンダーバーと呼ばれ、入力するには［Shift］+［\］キーを押します。［\］キーは、ほとんどのキーボードでは右下の［Shift］キーのすぐ左隣にあります。

この変数名で着目してもらいたいのが、大文字アルファベットと「_」で構成している点です。これは、今回のような用途の変数に名前を付ける際のPythonの慣例に基づいています。この慣例については、284ページのコラム「大文字アルファベットと「_」で構成する変数名」をご覧ください。

変数MY_DIRに「'photo/'」を代入するコードは、**5.5節**で最初に変数の基本を紹介した際の書式「変数名 = 値」に沿って記述することになります。「値」の部分を「'photo/'」にすればよいのです。

コード

```
MY_DIR = 'photo/'
```

このコードをプログラムの最初のほうに追加します。今回は、各モジュールを読み込むimport文の処理が終わったすぐあと（行番号12「fldnum = 0」の前）とします。

そして、前項で確認した3ヵ所ある「'photo/'」を変数MY_DIRに書き換えます。

コード 変更前

```
12 fldnum = 0
13 files = os.listdir('photo')
14
15 for i in files:
16     mtime = os.path.getmtime('photo/' + i)
17     dt = datetime.datetime.fromtimestamp(mtime)
18     dpath = 'photo/' + dt.strftime('%Y%m%d')
19
20     if os.path.isdir(dpath) == False:
21         os.mkdir(dpath)
22         fldnum += 1
23
24     shutil.move('photo/' + i, dpath)
25
26 print(str(fldnum) + '個のフォルダーを作成しました。')
```

▼

コード　変更後

```
12 MY_DIR = 'photo/'                                          追加
13 fldnum = 0
14 files = os.listdir('photo')
15
16 for i in files:                                            変更
17     mtime = os.path.getmtime(MY_DIR + i)
18     dt = datetime.datetime.fromtimestamp(mtime)
19     dpath = MY_DIR + dt.strftime('%Y%m%d')
20                                                            変更
21     if os.path.isdir(dpath) == False:
22         os.mkdir(dpath)
23         fldnum += 1
24                                                            変更
25     shutil.move(MY_DIR + i, dpath)
26
27 print(str(fldnum) + '個のフォルダーを作成しました。')
```

上記の追加・変更ができたら、さっそくSpyderのツールバーにある▶（[ファイルを実行]）ボタンをクリックして、動作確認しましょう*。実行すると、前章末に行った動作確認と同じ結果（272ページ）が得られるはずです。

これで、もしフォルダー名「'photo/'」を別の名前に変更することになっても、変数MY_DIRに「'photo/'」を代入する行番号12のコード内の１ヵ所のみの変更で済むこ

*「photo」フォルダー内が66ページの図4-1-3と同じ状態になっている必要があります。

とになります。

動作確認できたら、「photo」フォルダーの中を元の状態（66ページの図4-1-3）に戻して、次へ進んでください。

大文字アルファベットと「_」で構成する変数名

「'photo/'」を変数にまとめる際、変数MY_DIRの名前を大文字アルファベットと「_」で構成しました。Pythonの慣例では、処理の途中で値を変えることのない値を代入する変数の名前は、大文字アルファベットと「_」で構成することになっています。

8章で学んだように、変数は、処理の途中で値を変えながら使うことができます。そうした変数と、「'photo/'」のように代入した値を変えないで使う変数を、変数名で見分けやすくするため、大文字アルファベットと「_」で構成した名前にするのです。

処理の途中で値を変えながら使う変数は、プログラムが意図どおりに動作しないときの原因になりやすいものです。そうした変数と、そうでない変数が判別しやすくなっていれば、原因を調べる際、効率よく作業しやすくなるでしょう。

これは、あくまでも慣例ですので、この構成以外の変数名でも文法・ルールとしては正しく、プログラムの動作とは関係ありません。世界中のPythonプログラマーの多くはこの慣例に従って、変数名を使い分けています。

フォルダー名の末に「/」のない記述もまとめられることがある

前項で3ヵ所の「'photo/'」を変数MY_DIRにまとめました。ここで再度コードを確認してみると、os.listdir関数の引数として「'photo'」（最後に「/」がつかない）記述が残っていることがわかります。

コード

```
12 MY_DIR = 'photo/'
13 fldnum = 0
14 files = os.listdir('photo')
15
16 for i in files:
17     mtime = os.path.getmtime(MY_DIR + i)
18     dt = datetime.datetime.fromtimestamp(mtime)
19     dpath = MY_DIR + dt.strftime('%Y%m%d')
20
21     if os.path.isdir(dpath) == False:
22         os.mkdir(dpath)
23         fldnum += 1
24
25     shutil.move(MY_DIR + i, dpath)
26
27 print(str(fldnum) + '個のフォルダーを作成しました。')
```

「'photo/'」を代入した変数MY_DIR

「'photo'」（最後に「/」がつかない）

実は、今回の状況だと、これも先ほどの3ヵ所と同様に、変数MY_DIRにまとめることができます。変数MY_DIRに代入されている値は「'photo/'」(文字列「photo/」)であり、「'photo'」とは異なります。しかし、Pythonのパスのルール(71～73ページ)およびos.listdir関数(262ページ)の機能として、指定したフォルダー名の最後に「/」があろうがなかろうが、問題なく動作するのです。

これについて、IPythonコンソールで試してみましょう。前項の動作確認後、Spyderを終了している場合は、あらためて前項の動作確認を行い、「photo」フォルダー内を元の状態(66ページの図4-1-3)に戻してから、以下を行ってください。

「/」なしの「os.listdir('photo')」、「/」ありの「os.listdir('photo/')」とそれぞれ入力・実行すると、両者で全く同じ結果が得られます。

「/」なしの「os.listdir('photo')」の場合

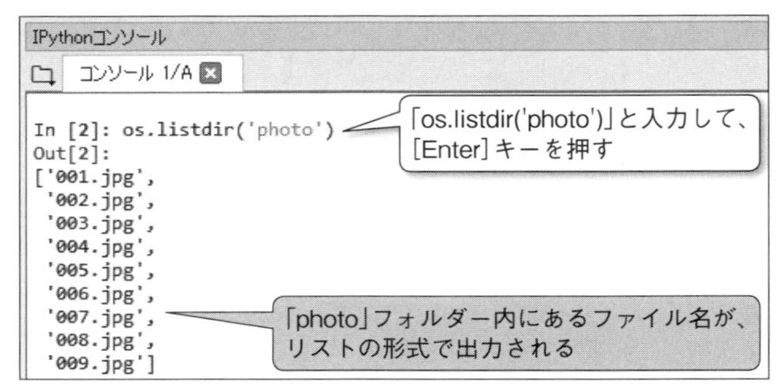

「/」ありの「os.listdir('photo/')」の場合

```
In [3]: os.listdir('photo/')
Out[3]:
['001.jpg',
 '002.jpg',
 '003.jpg',
 '004.jpg',
 '005.jpg',
 '006.jpg',
 '007.jpg',
 '008.jpg',
 '009.jpg']
```

「os.listdir('photo/')」と入力して、[Enter]キーを押す

「photo」フォルダー内にあるファイル名が、リストの形式で出力される

つまり、os.listdir関数の引数を「'photo'」から「MY_DIR」に書き換えても、問題なく動作します。では、実際にsample1.pyを書き換えてみましょう。

コード　変更前

```
12 MY_DIR = 'photo/'
13 fldnum = 0
14 files = os.listdir('photo')
```

コード　変更後

```
12 MY_DIR = 'photo/'
13 fldnum = 0
14 files = os.listdir(MY_DIR)
```

変更

Spyderのツールバーにある▶（[ファイルを実行]）ボタンをクリックして動作確認すると、前項と同じ結果が得られます（「photo」フォルダーとIPythonコンソールの結果を確認する場合は、272ページをご覧ください）。

動作確認できたら、今回も「photo」フォルダーの中を元の状態（66ページの図4-1-3）に戻してください。

なお、作例1のプログラムには、「MY_DIR + i」の2ヵ所（行番号17と行番号25）が同じ記述として残っています。本来はこれらも変数でまとめるべきですが、今回は紙面の都合で解説を割愛させていただきます。やり方としては、本節で紹介した方法と同じです。余裕があれば、チャレンジしてみるとよいでしょう。

さて、今回「'photo'」を、そのまま変数MY_DIRにまとめられたのは、すでに述べたように、パスのルール（71～73ページ）、およびos.listdir関数（262ページ）の機能があってのことです。フォルダー名の末に「/」がない場合、必ず同じことができるということではありません。

今回の「パスのルール、およびos.listdir関数の機能」のような条件が整わない場合や、「大半が同じで、一部異なる記述」となっている箇所を変数にまとめたいときは、次ページのコラムで紹介する方法を参考に、対応策を検討してみてください。

作例1の完成

以上で、4章から取り組んできた作例1（sample1.pyのプログラム）は完成となります。本節で紹介したように、プログラムには「完成」がないとも考えられますが、Pythonの基礎を学ぶための教材としての役割は終了です。これ以降、作例1に対する作業はありません。

次章からは、2つの章にわたって作例2と作例3の作成に取り組みます。どちらもPythonの幅広い用途の一部を体験していただくための教材です。少し応用的な内容となりますが、ここまで作例1をとおしてPythonのプログラミングに少し慣れてきたみなさんにとって、Pythonへの

大半が同じで一部異なる記述を変数にまとめるには

「大半が同じで、一部異なる記述」をまとめる際に参考となる方法を紹介します。たとえば、「Bluebacks〓」と「Bluebacks◎」のように文字列が記述された箇所があるとします。そうした記述を変数にまとめたいときは、同じ部分（この例の場合「Bluebacks」）のみ変数に代入してまとめます。そして、その変数と、異なっている部分（この例の場合「〓」と「◎」）を+演算子で連結して記述します。

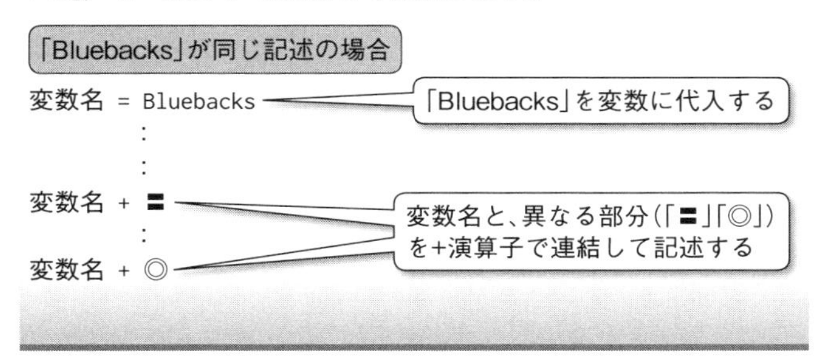

理解をさらに深める体験ができるはずです。

なお、コードの書き換えは他にも、if文の条件式「os.path.isdir(dpath) == False」を、「not」という演算子を用いることで、Falseを使わずに記述をより短くするなど、いくつか考えられます。今回はメンテナンス性向上にあまり寄与しないなどの理由から、割愛させていただきます。

あえて専用の関数を使わずに記述していた箇所

さて、ここまで4章から作成してきた作例1が完成となったところで、最後に「あえて使わなかった関数」について紹介します。

関数は、すでに本書で何種類か使用しています。どの場面でどの関数を使うかは、筆者が決めてきましたが、使える関数すべてを使って記述したわけではありません。あえて関数を使わずに、別の方法で記述したままにしている箇所が残っています。

関数を使わずに記述している理由は、これまで何度か述べているように、入門者の方にとってのわかりやすさや、必要な基礎を学ぶことを優先するためです。関数は、シンプルな記述で目的の機能を実現できる便利なものですが、シンプルに記述できてしまうがゆえに、入門者の方が基礎を学ぶ機会をなくしてしまいやすいこともあると筆者は考えています。

このような理由で、あえて関数を使わずに記述していた以下の箇所について、説明していきます。あわせて、それぞれ目的の機能に適した専用の関数で書き換える方法も紹介します。

- ・if文を使っている「既存のフォルダー名と同じ場合、フォルダーを作成しない」機能の記述（**6.4節**）
- ・＋演算子を使っている「フォルダー名とファイル名の連結」の記述（**9.5節**）

「既存のフォルダー名と同じ場合、フォルダーを作成しない」機能を関数で書き換える

「既存のフォルダー名と同じ場合、フォルダーを作成しない」機能は、**6.4節**で作成しました。現状、if文による条件分岐で記述していますが、これは入門者の方にとってのわかりやすさや、必要な基礎を学んでいただくためでした。

　この機能は、os.makedirsというフォルダー作成専用の関数を使って記述できます（166ページのコラムにも簡単な紹介があります）。次の書式で記述すると、１つ目の引数「フォルダー名」と同名のフォルダーがすでに存在する場合、あらたにフォルダーを作成しないようにできます。

書　式

```
os.makedirs(フォルダー名, exist_ok = True)
```

　２つ目の引数は「exist_ok = True」と指定しています。この引数は、同名フォルダーの存在に対応するかしないかを決める引数で、「引数名 = 設定値」という形式で指

定するよう決められています。引数名が「exist_ok」で、設定値に「True」を記述すると、同名のフォルダーがすでに存在する場合、あらたにフォルダーを作成しません。

os.makedirs関数を使って、sample1.pyのコードを書き換えると次のとおりになります。

コード 変更前

```
21        if os.path.isdir(dpath) == False:
22            os.mkdir(dpath)
23            fldnum += 1
```

▼

コード 変更後

```
21        os.makedirs(dpath, exist_ok = True)
22        fldnum += 1
```

なお、現状のsample1.pyで上記の書き換えを行うと、**8.2節**で作成した「作成されたフォルダー数をメッセージ形式で出力する」処理のコード（変数fldnumの処理）に調整が必要になります。この調整方法については、紙面の都合上、本書のサポートページ（2ページで紹介のURLで表示されるページ）にて説明します。

「フォルダー名とファイル名の連結」を関数で書き換える

フォルダー名とファイル名を＋演算子を用いて連結して

記述している箇所は、パスの連結に特化した専用の関数に書き換えることができます。

たとえば、for文の２行目にあるos.path.getmtimeの引数「(MY_DIR + i)」は、現在、フォルダー名が代入された変数MY_DIRと、画像ファイル名が代入された変数iを+演算子で連結しています。また、同じくfor文の４行目にある変数dpathに代入される値「MY_DIR + dt.strftime('%Y%m%d')」は、現在、変数MY_DIRと、画像ファイル名（４桁の西暦年、２桁の月、２桁の日付の形式で表示）を+演算子で連結しています。

こうしたフォルダー名とファイル名を連結させる記述は、「os.path.join」という関数を使っても記述できます。書式は次のとおりです。

書式

```
os.path.join(パス1, パス2, ……)
```

引数には、フォルダー名やファイル名など、連結したいパスの文字列を必要な数だけ「,」で区切って並べて記述します。

sample1.py内のコードをos.path.join関数に書き換えると、以下のようになります。

コード 変更前

```
16 for i in files:
17     mtime = os.path.getmtime(MY_DIR + i)
18     dt = datetime.datetime.fromtimestamp(mtime)
19     dpath = MY_DIR + dt.strftime('%Y%m%d')
```

▼

コード 変更後

```
16 for i in files:
17     mtime = os.path.getmtime(os.path.join(MY_DIR, i))
18     dt = datetime.datetime.fromtimestamp(mtime)
19     dpath = os.path.join(MY_DIR, dt.strftime('%Y%m%d'))
```


今回の作例の場合、書き換える前より1行あたりのコードは少し長くなりますが、os.path.join関数を使うことで、パスの処理をするコードを記述する際、プログラマーの負担が軽くなります。

フォルダー名とファイル名を連結して記述する際、意識せねばならないのがパスです。os.path.join関数はパスの連結に特化しているため、os.path.join関数の引数内に指定する内容は、すべて自動的にパスとして扱われます。それによって、たとえば以下のようなメリットが得られます。

・フォルダーの区切りを表す「/」を記述しなくても自動で補完される
・OSによって異なるフォルダーの区切りを表す文字が、OSに合わせたもので表示される。たとえば、Windowsなら「¥」(Pythonのコード上では「\」) となる (73ページのコラム参照)。macOSやLinuxなら「/」となる。さらにWindowsなら「\\」のように、「\」を自動で重ねて表示される

+演算子は、単純に文字列を連結するものなので、フォルダー名とファイル名の連結以外にも使えます。その分、フォルダー名とファイル名を連結する際は、パスを意識する必要があります。sample1.pyで今回書き換える前の状態だと、変数に代入されているコードに記述されているパスを意識する必要があります。

os.path.join関数に書き換えると、変数に代入するコードに記述するフォルダー名の末尾の「/」が不要になり、パスを意識する必要がなくなります。

作例２

ここから作例２の作成が始まります。作例２では、11章で、Webページ上のデータを自動で取得する「スクレイピング」のプログラムを作ります。

11 章
PythonでWebページ上のデータをスクレイピングしてみよう

11.1 スクレイピングするうえで、最低限知っておきたいHTMLの知識

本章では、作例2として、スクレイピングのプログラムを作成します。スクレイピングとは**1.2節**で述べたとおり、Webページに表示されているデータ（文字列）を自動で取得する行為です。

作例2の具体的な機能は**1.2節**で紹介したとおりです(23ページ)。本節では、スクレイピングの前提知識として、「HTML」（HyperText Markup Language）という言語の必要最低限な基礎を学びます。

HTMLに何が記述されるのか

本節では、筆者がインターネット上に開設している作例2用Webページで使っているHTMLに絞って解説します。本節で学べるHTMLの知識は、HTML全体で見るとほんの入り口程度ですが、基本的かつ重要な知識ばかりです。のちにHTMLを本格的に学ぶときにも必ず役立ちま

す。

Webページは HTML で記述されています。HTML に記述されるのは、Webページに表示されるテキスト（文字列)、および各テキストの役割を示すマークが中心です。記述される内容のイメージは以下のようになります。

<ここからタイトル>ブルーバックスのページ**<ここまでタイトル>**
<ここから見出し>新刊のお知らせ**<ここまで見出し>**
<ここから本文>『入門者のPython』は、人工知能や統計などの用途で人気のプログラミング言語Pythonの入門書です。3つの作例を作りながら、Pythonとプログラミングの基礎をひととおり学ぶことができます。**<ここまで本文>**

役割を示すマークには、「どの文字列がWebページのタイトルか」や「どの文字列が本文か」など、Webページに表示される文字列に関するものです。また、「どの画像を表示するのか」などの内容も含まれます。

タグと要素、属性

それでは実際に、作例2用Webページに記述されているHTMLを見てみましょう。みなさんがパソコンで利用しているWebブラウザーのアドレスバーに、URL「http://tatehide.com/bbdata.php」を入力して、作例2用Webページを開いてください。

なお、URLを入力する場所は、ブラウザーのアドレスバーです。アドレスバーは、ほとんどのブラウザーでは上方中央にあります。ブラウザーによっては、右上にGoogleやYahooなどの検索用の入力欄がありますが、そ

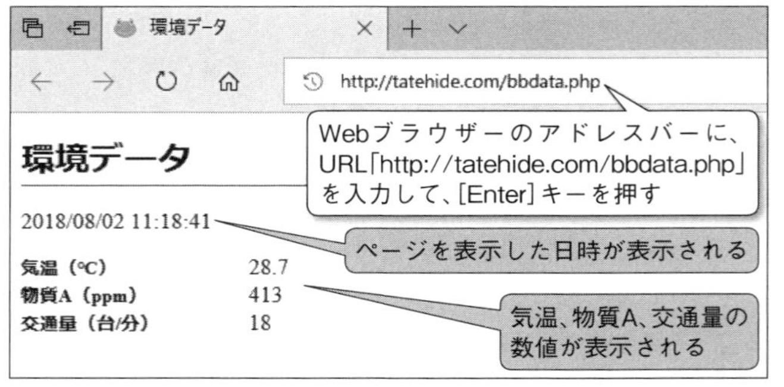

図11-1-1　作例２用Webページ

れではありません。また、GoogleやYahooのページにある検索用の入力欄でもありません。そうした検索用の入力欄に上記のURLを入力しても、作例２用Webページは表示されませんのでご注意ください。

すると、「環境データ」という名前のページが表示されます（図11-1-1）。ページを表示した日時とともに、気温、物質A、交通量の３種の数値のデータが表示されます。３種のデータは架空のもので、ページを表示するたびにランダムに変化する仕組みになっています。

このWebページに記述されているHTMLを確認してみましょう。Webページに記述されているHTMLは、Microsoft Edge（以下、Edge）やGoogle Chrome（以下、Chrome）、MozillaのFirefoxといったメジャーなWebブラウザーであれば、標準で付属している「開発者向けツール」で表示できます。

Windows 10標準のWebブラウザーEdgeなら、［F12］

キー*を押すと画面の右半分（あるいは下半分）に表示される「F12開発者ツール」で確認できます（図11-1-2）。ChromeやFirefoxなら、［Ctrl］+［Shift］+［I］キーを押すと表示されます。

なお、本書では「開発者向けツール」は、Webページに記述されているHTMLを実際に確認する目的のみに使用します。以下で説明される操作を行わなくても、作例2用Webページに記述されているHTMLは、306ページにて確認できます。

「開発者向けツール」の表示や操作方法は、ブラウザーによって微妙に異なります。紙面の都合上、以下からはEdgeの操作方法のみ説明します。Edge以外をご利用の方は、興味があれば以下を参考に操作してみてください。ただし、以下の操作を行わなくても、本章で取り組む作例2の作成には影響しませんので、ご安心ください。

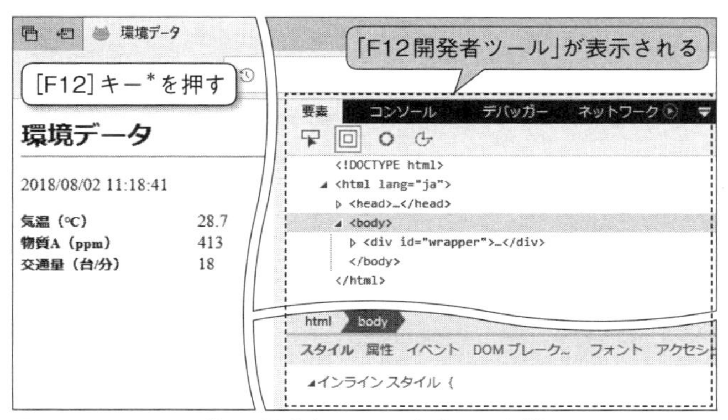

図11-1-2　Edgeの「F12開発者ツール」を表示した様子

*お使いのパソコンのキーボードによっては、[Fn]キーを押しながら[F12]キーを押す必要があるかもしれません。

Edgeの「F12開発者ツール」では、［要素］タブに、画面上半分に表示中のWebページのHTMLが表示されます。上下の境界部分をドラッグすれば、表示領域を調整できます。

要素（このあと解説します）が入れ子になっている場合は折りたたまれているので、▷をクリックして展開（◢）してください。すべて展開すると、作例2用WebページのHTMLとして、図11-1-3のように表示されます。

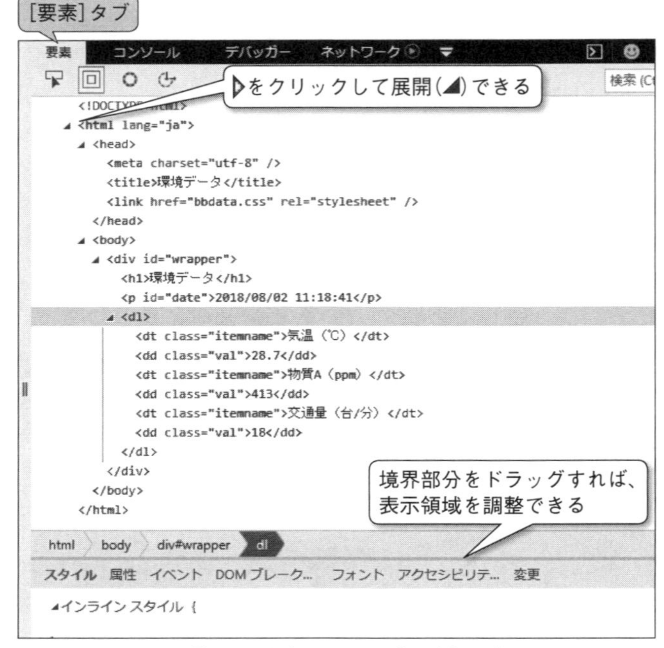

図11-1-3　Edgeの「F12開発者ツール」の［要素］タブ

各行に記述されているHTMLの意味は、次項でHTML全体を掲載して解説します。全体的にざっと眺めてみて目立つのは、半角の「<」と「>」でくくられた英単語ではないでしょうか。先にそれらの役割を中心に、HTMLの記述に関する基本中の基本を説明します。

▼タグと要素

「<」と「>」でくくられた英単語は、「タグ」と呼ばれるものです。タグは目印となるマークで、HTMLでは基本的に次の書式で「どこからどこまでの要素が何の役割なのか」を記述します。

書　式

<タグ名>要素内容</タグ名>

「<タグ名>」の部分は「開始タグ」、「</タグ名>」の部分は「終了タグ」と呼ばれます。「タグ名」には役割の名前を半角の小文字で記述し、開始タグと終了タグの両方の「タグ名」は同じものにします。

たとえば、作例2用WebページのHTMLの上から5行目にある「<title>環境データ</title>」だと、「<title>」が開始タグ、「環境データ」が要素内容、「</title>」が終了タグとなります。タグ名の「title」はWebページのタイトルという役割を示すためのものです。要素内容「環境データ」がWebページのタイトルであることを表しており、Webブラウザーのタイトルバーに表示されます。

そして、このような「<タグ名>要素内容</タグ名>」のまとまりのことを「要素」と呼びます（リストの「要素」とは別の仕組みです。HTMLの要素です）。要素の種類を区別するときはタグ名を使い、「title要素」などと呼ぶことになります。各要素は、必要に応じてそのつど覚えていけばよいでしょう。基本的にどの種類の要素も、要素内容が実際にWebページに表示されるテキストになります。

▼属性

前述した「要素」の中には、その要素の状態や性質などの情報として「属性」を記述することがあります。書式は次のとおりです。

書　式

```
属性名="属性値"
```

属性を記述する場所は、開始タグ内にあるタグ名の後ろです。半角スペースを入れて区切ってから記述するので、「<タグ名 属性名="属性値">」となります。

属性にはさまざまな種類があり、どの属性を使えるかは、タグの種類次第です。作例２用Webページに使っている属性で重要なのは、「id属性」と「class属性」です。ともに属性値として、要素に任意の名前を付けられます。それによって、デザインを設定したり表示内容を変更したりするなどの際、対象となる要素を特定しやすくします。

一般的にid属性の属性値は「id名」、class属性の属性値は「class名」とも呼ばれます。本書では以降、「id名」と「class名」という呼び方を用いるとします。

id属性とclass属性の違いですが、同じWebページのHTMLの中に、同じid名は1つの要素にしか指定できません。一方、同じclass名は複数の要素に同時に指定できます。そのため、id属性は、主に処理対象の要素をピンポイントで特定したい場合に用いられます。一方、class属性は、主に同じ役割の要素にまとめて同じデザインを設定したい場合などに用いられます。

id属性とclass属性は下記の書式によって、タグ内に記述されます。id名もclass名も属性値なので、「"」で囲って記述します。

書　式

```
<タグ名 id=id名>要素内容</タグ名>
<タグ名 class=class名>要素内容</タグ名>
```

次節以降であらためて解説しますが、作例2のプログラムでは、「id名またはclass名が○○の要素を取得し、その要素内容を取り出す」といった処理のコードをPythonで記述することになります。以上がHTMLの記述に関する基本中の基本です。次項で、作例2用Webページに記述されているHTMLの各行が示す内容を説明していきます。

作例2用WebページのHTML、各行の解説

ここでは、作例2用WebページのHTML全体を提示

し、ポイントとなる行の意味を説明していきます。

```
1 <!DOCTYPE html>
2 <html lang="ja">
3   <head>
4     <meta charset="utf-8"/>
5     <title>環境データ</title>
6     <link href="bbdata.css" rel="stylesheet"/>
7   </head>
8   <body>
9     <div id="wrapper">
10      <h1>環境データ</h1>
11      <p id="date">2018/08/02 11:18:41</p>
12      <dl>
13        <dt class="itemname">気温（℃）</dt>
14        <dd class="val">28.7</dd>
15        <dt class="itemname">物質A（ppm）</dt>
16        <dd class="val">413</dd>
17        <dt class="itemname">交通量（台/分）</dt>
18        <dd class="val">18</dd>
19      </dl>
20    </div>
21  </body>
22 </html>
```

・行番号1　<!DOCTYPE html>

記述内容がHTMLであることを宣言するものです。「<」「>」が使われていますが、前項で説明した終了タグがない特殊なものです。「HTMLの1行目は、とにかく毎回こう記述する」という理解で大丈夫です。

・行番号2、22　<html lang="ja">、</html>

html要素です。属性として「lang="ja"」が付いており、html要素の中身が日本語のHTMLであることを指定します。

html要素の中に記述する要素を大きく分けると、head要素とbody要素となります。両要素ともに、要素内容として、さらにいくつかの要素が指定されているという入れ子構造になっています。

また、この中に登場するmetaタグやlinkタグなど、終了タグがない特殊なタグもあります。他には画像を指定するimgタグなどがあります。

・行番号3～7　<head>～</head>

head要素です。Webページの情報となる要素を記述します。行番号4のmeta要素では、UTF-8という文字コードを指定しています。UTF-8はWebページなどで推奨されている文字コードであり、これ以外の文字コードを指定すると、Webページの表示が文字化けする恐れが生じます。

行番号5のtitle要素はWebページのタイトル（Webブ

ラウザーのタイトルバーに表示される文言）を記述します。

行番号６のlink要素では、「CSS」（Cascading Style Sheets）が記述された.cssファイルを指定しています。CSSとは、文字のサイズや罫線など、Webページの見た目を指定するための言語です。作例２のプログラムはCSSの知識がなくても作成できることもあり、CSSの解説は割愛させていただきます。

・行番号８、21　<body>、</body>

body要素です。実際のWebページに表示される内容になります。要素内容にはいくつかのタグがあります、これらで表示内容を指定しています。

・行番号９、20　<div id="wrapper">、</div>

div要素です。本Webページではレイアウトの指定のみに利用しており、スクレイピングの処理には直接関係しないので、詳しい解説は割愛させていただきます。

・行番号10　<h1>環境データ</h1>

h1要素です。見出しを意味する要素になります。スクレイピングの処理には直接関係しないので、詳しい解説は割愛させていただきます。

・行番号11　<p id="date">2018/08/02 11:18:41</p>

p要素です。段落を意味する要素であり、文字列の表示によく用いられます。本Webページでは要素内容として、現在の日付・時刻を表示するよう指定しています。そして、id属性として「date」を指定しています。つまり、id名が「date」のp要素になります。

・行番号12、19　<dl>、</dl>

dl要素です。用語の定義リストを意味する要素です。後述のdt要素、dd要素と一緒に用いることで、データを表形式で表示する場合などによく用いられます。本Webページでは、罫線がないレイアウトの表としています。

・行番号13、15、17　<dt class="itemname">～</dt>

dt要素です。dl要素の定義リストにおいて、用語の指定に用います。本Webページでは、3種類のデータ名「気温」「物質A」「交通量」を指定しています。class属性として「itemname」を指定しており、表の列の幅やフォントサイズなどのレイアウト指定に利用しています。

・行番号14、16、18　<dd class="val">～</dd>

dd要素です。dl要素の定義リストにおいて、用語の意味の指定に用います。本Webページでは、実際のデータを指定しています。前述のdtタグとセットで記述します。class属性として「val」を指定しており、同じく表の列の幅やフォントサイズなどのレイアウト指定に利用しています。

WebページのHTMLの効率的な解析方法

スクレイピングでは、取得したいWebページにテキスト（文字列）として表示されているデータについて、どのような要素や属性のものであるのかなど、解析を事前に行う必要があります。

具体的には、主に以下の3種類を調べます。スクレイピングのプログラムでは、次節以降であらためて詳しく解説しますが、これら3種類のいずれかを利用して、取得する要素を指定することになります。

・要素の種類
・id名
・class名

Edge、Chrome、Firefoxといったブラウザーには、指定したWebページ上のデータの要素をピンポイントで表示できる機能があります。たとえばEdgeなら、解析したいデータの部分を右クリックし、［要素の検査］（Chromeなら［検証］、Firefoxなら［要素を調査］）をクリックします。

次ページの図11-1-4では、Edgeで作例2用Webページの日時の部分を右クリックして［要素の検査］を選択しています。すると、「F12開発者ツール」が開き、［要素］タブに日時の部分の要素のHTMLがハイライトされた状態で表示されます（次ページの図11-1-5）。

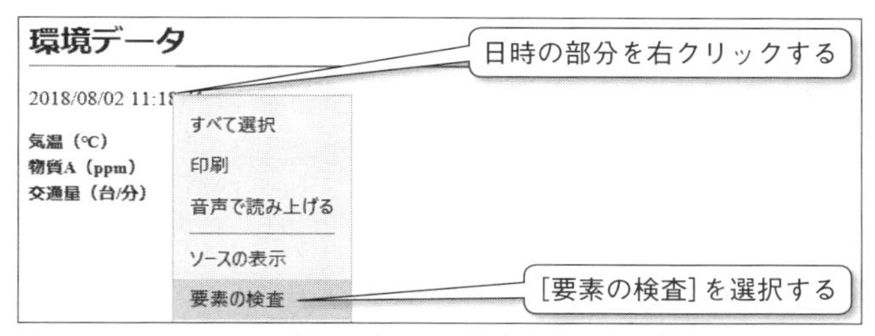

図11-1-4　Webページ上のデータの要素を表示する操作

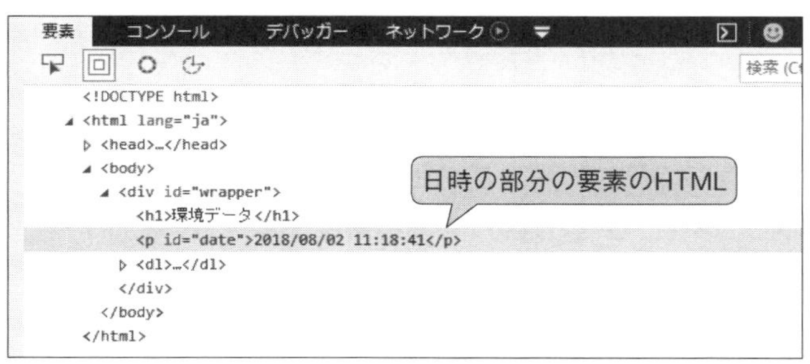

図11-1-5　[要素]タブに要素のHTMLがハイライトで表示される

今回取得したい４種類のデータを実際に解析した結果は次表のとおりです。

表11-1-1　取得したい４種類のデータの要素の解析結果

データ	要素
日時	p要素で、id名は「date」
気温	dd要素で、class名は「val」
物質A	dd要素で、class名は「val」
交通量	dd要素で、class名は「val」

属性に着目すると、「日時」はid属性として、id名が「date」と指定されています。「気温」と「物質A」と「交通量」には、いずれも同じclass名の「val」が指定されています。

次節では、これらのid名およびclass名を用いて、目的のデータを取得する方法を解説します。

COLUMN

スクレイピングできない／禁止のWebサイトもある

スクレイピングはデータを自動収集できて便利な反面、対象となるWebサイトにとってはアクセス負荷が増え、通常ユーザーの閲覧に支障をきたすなどの恐れもあります。そのため、スクレイピングされることを好まないWebサイトは少なくありません。中には、特殊な対策を施し、スクレイピングを行おうとしても、目的のデータを取得できないようにしているWebサイトもあります。また、対策していなくとも、禁止を明記しているWebサイトも多くあります。

読者のみなさんが今後、作例2用Webページ以外でスクレイピングを行いたい際、これらの点に注意しつつ、対象となるWebサイトを選びましょう。また、スクレイピングを行うときは、自己責任の原則で行ってください。

11.2 PythonでWebページに表示されているデータを取得するには

本節では、Webページに表示されている目的のデータを取得する方法の全体像を解説します。

スクレイピング処理の全体像

Pythonでのスクレイピングによって、Webページに表示されている目的のデータを取得するには、大きく分けて次の3ステップの処理が必要です。

【STEP1】目的のWebページに接続し、HTMLを取得
【STEP2】HTMLの要素を切り出せるかたちに変換
【STEP3】取得したHTMLから目的のデータを取り出す

この流れに従うようプログラムを作成していきます。本節では、【STEP1】と【STEP2】の方法を解説します。あわせて、作例2のプログラムも【STEP2】の処理の段階まで作成します。

目的のWebページに接続し、HTMLを取得するには

はじめに、「【STEP1】目的のWebページに接続しHTMLを取得」する方法について解説します。

この処理は「requests」モジュールの「get」関数で行います。requestsモジュールはインターネット接続関係の処理のモジュールです。requests.get関数の基本的な書式

は次のとおりです。

書 式

```
requests.get(目的のWebページのURL)
```

引数には、目的のWebページのURLを文字列として指定します。文字列なので、直接指定する場合は「'」で囲って記述します。

requests.get関数を実行すると、戻り値として、接続したWebページを操作するための"データのようなもの"が得られます。専門用語で「Responseオブジェクト」と呼ばれます。通常はそのResponseオブジェクトを変数に代入して、その変数を用いてHTMLを取得するなど、以降の処理に用います。

書 式

```
変数 = requests.get(目的のWebページのURL)
```

たとえば、目的のWebページのURLが作例2用Webページの「http://tatehide.com/bbdata.php」であり、get関数の戻り値を代入する変数の名前を「rs」とするなら、次のようなコードになります。

コード

```
rs = requests.get('http://tatehide.com/bbdata.php')
```

以降、このResponseオブジェクトの変数rsを用いて、接続先WebページのHTMLから目的のデータを取得します。その具体的なコードは次項で解説します。

また、このコードの前には、requestsモジュールをインポートするコード「import requests」も必要となります。

HTMLの要素を切り出せるかたちに変換するには

次に、「【STEP2】HTMLの要素を切り出せるかたちに変換」する方法について解説します。

この変換の処理は「BeautifulSoup4」モジュールの「BeautifulSoup」関数で行います（モジュール名は末尾に「4」が付きます）。BeautifulSoup4モジュールはスクレイピングためのモジュールであり、指定したHTMLから指定した要素を切り出すなどの処理を提供します。

bs4.BeautifulSoup関数の基本的な書式は次のとおりです。BeautifulSoup4モジュールは「bs4」と記述するよう決められています。

書　式

```
bs4.BeautifulSoup(HTMLデータ, パーサーの種類)
```

第1引数の「HTMLデータ」には、requests.get関数で取得したHTMLデータを指定されたかたちで記述します。具体的な記述は以下です。

書 式

```
Responseオブジェクト.text.encode(Responseオブジェクト.encoding)
```

上記書式の「Responseオブジェクト」は、【STEP1】でのget関数の戻り値になります。たとえば、その戻り値を代入した変数がrsなら、「rs.text.encode(rs.encoding)」となります。この記述の細かい解説は割愛しますが、「このように決められている」と単純に捉えてコードを記述すれば、実用上は全く問題ありません。

第2引数の「パーサーの種類」には、文字列「html.parser」を指定するよう決められています（厳密には違うのですが、ここではそのような理解で実用上は問題ありません）。文字列なので、直接指定する場合は「'」で囲って記述します。なお、「パーサー」とは、HTMLを解析して切り出すためのプログラムのことです。

このように2つの引数を指定して実行すると、bs4.BeautifulSoup関数の戻り値として、HTMLの要素を切り出せるかたちに変換されたものが得られます。それは専門用語で「BeautifulSoupオブジェクト」と呼ばれます。通常はこの戻り値のBeautifulSoupオブジェクトも変数に代入し、以降の処理に使います。たとえば、戻り値の代入先の変数を「sp」として、Responseオブジェクトの変数をrsとするなら、コードは以下になります。

コード

```
sp = bs4.BeautifulSoup(rs.text.encode(rs.encoding), 'html.parser')
```

以降、このBeautifulSoupオブジェクトの変数spを用いて、目的のデータが含まれるHTMLの要素を切り出すなど、さまざまな処理を行うことになります。

また、このコードの前には、BeautifulSoup4モジュールをインポートするコード「import bs4」も必要となります。

作例2のプログラムを作り始めよう

それでは、ここまでに学んだ内容を踏まえ、作例2のプログラムを【STEP2】のところまで記述してみましょう。記述先には、新たに.pyファイルを設けるとします。ファイル名は何でもよいのですが、ここでは「sample2.py」とします。

では、Spyderを開き、Spyderのツールバーにある（[新規ファイル]）ボタンをクリックしてください（次ページの図11-2-1）。すると、新規の.pyファイルである「タイトル無し●（1桁数字).py」が作成されて開きます。

このファイルに、先ほど学んだ【STEP1】と【STEP2】のコードを記述しましょう。2つの変数の名前は先ほどあげた例と同じとします。各モジュールをインポートするコードも忘れずに記述します。

すると、コードは以下になります。なお、import文の

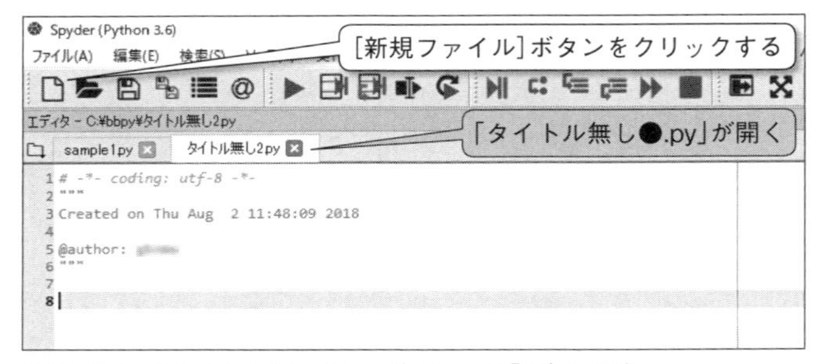

図11-2-1 「タイトル無し●.py」(ここでは「2」)を作成

あとは1行空けることにします。

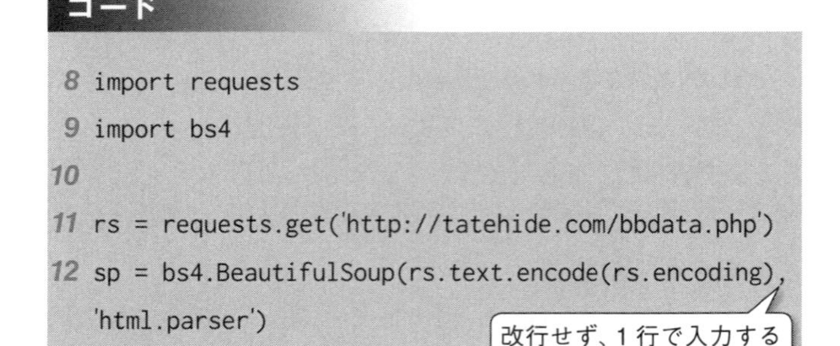

このコードを「タイトル無し●.py」に記述できたら、さっそく実行してみましょう。Spyderのツールバーにある▶([ファイルを実行])ボタンをクリックしてください。

新規作成後に初めて実行する際は.pyファイルの保存を求められるので、ファイル名は「sample2.py」として、「bbpy」フォルダーに保存してください(次ページの図

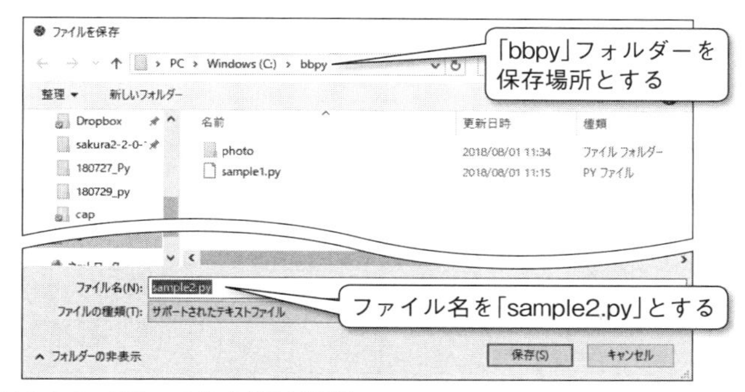

図11-2-2　「ファイルを保存」画面

11-2-2)。

　実行しても、IPythonコンソールには「runfile(～」(55ページ）が出力される以外、目に見える実行結果はありません。プログラムには、【STEP1】と【STEP2】までの処理を出力するコードを記述していないためです。

　なお、sample2.pyを実行後、IPythonコンソールに「既存の接続はリモート ホストに強制的に切断されました」といったエラーが表示される場合は、【STEP1】の処理がうまく実行されていません。こうしたエラーは、ご利用のネットワークのセキュリティ対策（requests.get関数によるインターネット接続関係の処理を行わせないなど）が原因となっているケースが考えられます。もし、別のネットワークを利用しても同じエラーが表示されるなら、本書サポートページ（URLは２ページに掲載）にて紹介している対策をお試しください。

　さて、ここでは変数spの中身をIPythonコンソールに出力してみましょう。作例1の作成中ですでに体験したように、一度.pyプログラムを実行すれば、変数をIPythonコンソールで使えるようになります。では、IPythonコンソールに「sp」と入力し、[Enter] キーを押してください。すると、次のように出力されます。

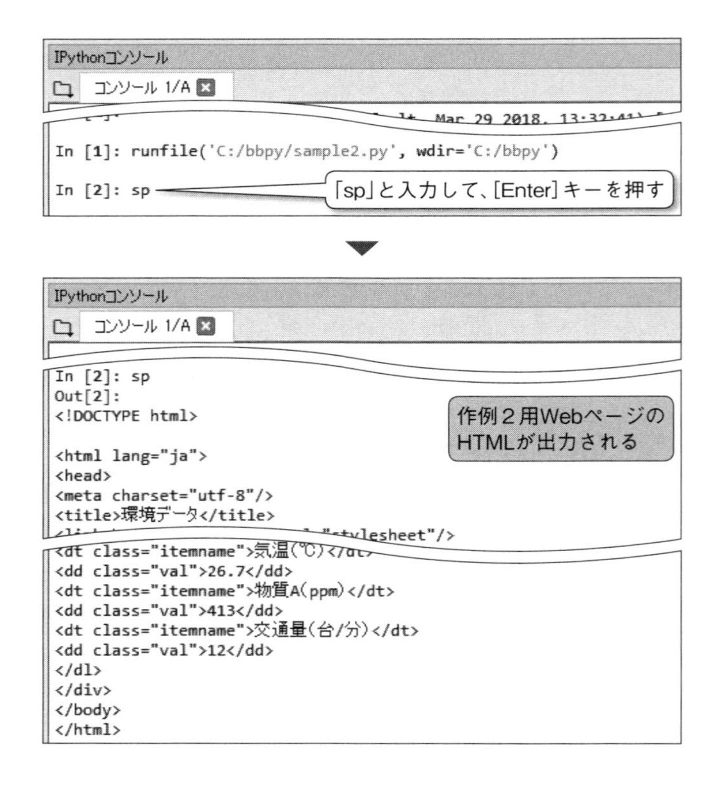

これは前節にて開発者ツールで確認した、作例2用

「rs.text.encode(rs.encoding)」について

本節では、bs4.BeautifulSoup関数の第１引数には、「rs.text.encode(rs.encoding)」のように、「Responseオブジェクト.text.encode(Responseオブジェクト.encoding)」と記述すればよい、と解説しました。この記述について、少し解説します。

この記述の処理は、接続したWebページのHTMLを取得し、なおかつ、文字化けしないよう変換していることになります。実は接続したWebページのHTMLを取得するだけなら、「text」プロパティを用いて「rs.text」と記述するだけで済みます。ただ、「rs.text」だと文字化けしてしまいます。実際にIPythonコンソールに入力してみると、次の画面のように出力されます。

```
In [11]: rs.text
Out[11]: '<!DOCTYPE html>\r\n<html lang="ja">\r\n<head>\r\n<meta
charset="utf-8">\r\n<title>ç\x92°å¢\x83ã\x83\x87ã\x83¼ã\x82¿</title>\r
\n<link rel="stylesheet" href="bbdata.css">\r\n</head>\r\n<body>\r\n<div
id="wrapper">\r\n  <h1>ç\x92°å¢\x83ã\x83\x87ã\x83¼ã\x82¿</h1>\r\n  <p
id="date">2018/06/30 17:38:26</p>\r\n\r\n  <dl>\r\n    <dt
class="itemname">æ°\x97æ¸©ï¼\x88â\x84\x83ï¼\x89</dt>\r\n    <dd
class="val">29.8</dd>\r\n    <dt class="itemname">ç\x89©è³ªAï¼\x88ppmï¼
```

この文字化けの原因は、文字列の「エンコード」の関係です。エンコードとは文字列のデータのコンピューター内部での扱い方であり、コンピューターのOSにエンコードをしないと、文字化けを起こしてしまいます。そこで、「rs.text」に対して、「.encode(rs.encoding)」を付けることで、適切なエンコードに修正し、文字化けを防いでいます。

WebページのHTMLです。スクロールすると、すべてのHTMLが含まれていることが確認できます。

なお、318～319ページで説明したsample2.pyの処理を正しく実行できていないと、「NameError: name`sp` is not defined」といったエラーが表示されます。これは、変数spにWebページのHTMLが代入されていないためです。

この変数spを用いて、目的のデータが含まれるHTMLの要素を切り出し、要素内容を取得していきます。その具体的な方法は次節で解説します。

11.3 取得したHTMLから目的のデータを取り出すには

本節では、「【STEP3】取得したHTMLから目的のデータを取り出す」について解説します。本節ではIPythonコンソールで練習を行うだけにとどめ、実際のコードを作例2のプログラムに記述するのは次節以降とします。

id名で要素を切り出すには

前節では、requests.get関数で目的のWebページに接続し（【STEP1】）、bs4.BeautifulSoup関数で、HTMLの要素を切り出せるかたちに変換する（【STEP2】）方法まで学びました。その【STEP2】の結果はBeautifulSoupオブジェクトとして得られるのでした。

【STEP3】では、そのBeautifulSoupオブジェクトから、目的のデータを取り出します。まずはBeautifulSoupオブジェクトの各種メソッドを使い、接続したWebページのHTMLから目的のデータが含まれる要素を取り出します。そのためのメソッドは2つあり、1つ目が「select_one」メソッド、2つ目が「select」メソッドです。

select_oneメソッドは指定した1つの要素を取得します。書式は次のとおりです。

書式

```
BeautifulSoupオブジェクト.select_one(CSSセレクタ)
```

引数には、取得したい要素の「CSSセレクタ」を文字列として指定します。CSSセレクタとは、要素を特定するための仕組みです。もともとCSSを指定する際に使う仕組みでしたが、このように他の用途でも使われています。

select_oneメソッドで基本となるCSSセレクタは表11-3-1のとおりです。id名で要素を特定します。id名の前には「#」を付ける決まりとなっています。

表11-3-1　select_oneメソッドで基本となるCSSセレクタ

セレクタ	取得される要素
#id名	指定したid名の要素１つ

上記書式に従ってselect_oneメソッドおよびCSSセレクタを記述すると、指定したid名の要素が戻り値として得られます。同じHTMLに同じid名の要素は1つしかないので、select_oneメソッドで得られるのは1つの要素とい

うことになります。

たとえば作例2において、目的のWebページのHTMLのBeautifulSoupオブジェクトが変数spに代入されており、id名が「date」の要素を取得するなら、次のように記述します。

コード

```
sp.select_one('#date')
```

CSSセレクタには、目的のid名「date」の前に「#」を付けた「#date」を指定します。文字列として指定するので、「'」で囲います。

ここで、IPythonコンソールで実際に試してみましょう。上記コードを入力し、[Enter] キーを押してください。すると、次のように要素が取得されて出力されます。

この要素は作例2用WebページのHTMLにおける日時の部分になります。**11.1節**で調べたとおり、日時はid名が「date」のp要素でした。「sp.select_one('#date')」というコードによって、id名が「date」である要素として取得

*アクセスした時点の日時になるので、この画面とみなさんの出力結果は異なります。

されたのです。

前節にて、BeautifulSoupオブジェクトの変数spの中身をIPythonコンソールに出力し、作例2用WebページのHTMLを表示しましたが、その内容と見比べて、日時の部分の要素が取得されたことを確認しましょう。

要素内容のみを取り出すには

スクレイピングで実際に欲しいのはWebページに表示されているデータであり、それは要素内容になります。要素内容は**11.1節**でも解説したとおり、開始タグと終了タグで囲まれた文字列になります。

取得したHTMLの要素から、要素内容のみを取り出すには、「string」プロパティを用います。取得した要素の後ろに、「.string」のようにピリオドに続けて同プロパティを記述します。

書　式

```
要素.string
```

たとえば、先ほど取得したid名「date」の要素から、要素内容のみを取り出すには、次のように記述します。

コード

```
sp.select_one('#date').string
```

実際にIPythonコンソールに入力してみると、次の画面のように、要素内容のみが取り出されることが確認できます。

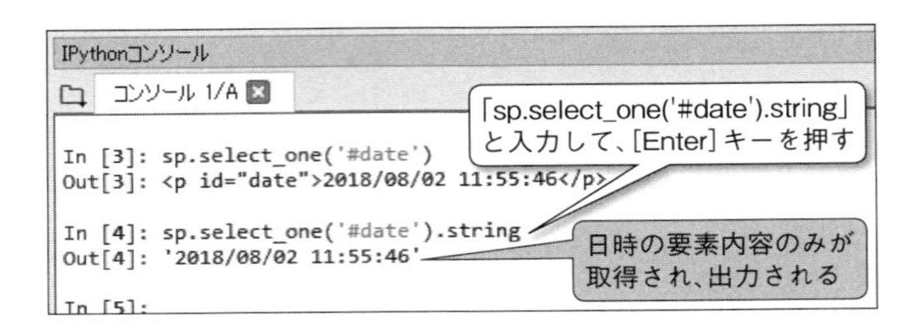

なお、「sp.select_one('#date')」をいったん何かしらの変数に代入し、その変数名に「.string」を付けたかたちのコードでも構いません。

class名で要素を切り出すには

次に、selectメソッドの使い方を解説します。selectメソッドは指定した複数の要素を取得します。select_oneメソッドは1つの要素を取得するのに対し、selectメソッドは複数の要素を取得する点が大きな違いです。selectメソッドの書式は次のとおりです。

書 式

```
BeautifulSoupオブジェクト.select(CSSセレクタ)
```

引数にはselect_oneメソッドと同じく、取得したい要素の「CSSセレクタ」を文字列として指定します。基本となるCSSセレクタは表11-3-2のとおりです。タグ名またはclass名で複数の要素を特定します。class名の前には「.」を付ける決まりとなっています。

表11-3-2　selectメソッドで基本となるCSSセレクタ

セレクタ	取得される要素
タグ名	指定したタグ名の要素すべて
.class名	指定したclass名の要素すべて

11.1節で解説したとおり、同じHTMLに同じclass名は複数指定できます。また、同じタグも複数使えます。作例２用Webページならdtタグやddタグです。

前述の書式に従ってselectメソッドおよびCSSセレクタを記述すると、指定したタグ名またはclass名の複数の要素が戻り値として得られます。取得した複数の要素は、９章で説明したリストの形式になります。後ほど具体例を体験してもらいます。

たとえば作例２において、目的のWebページのHTMLのBeautifulSoupオブジェクトが変数spに代入されており、class名が「val」の要素を取得するなら、次のように記述します。

コード

```
sp.select('.val')
```

CSSセレクタには、目的のclass名「val」の前に「.」を付けた「.val」を指定します。文字列として指定するので、「'」で囲います。

IPythonコンソールで実際に試してみましょう。前述のコードを入力し、[Enter] キーを押してください。すると、次のように複数の要素が取得され、リスト形式で出力されます。リスト形式とは、「[」と「]」の中に、各要素が「,」区切りで並べられた形式になります。

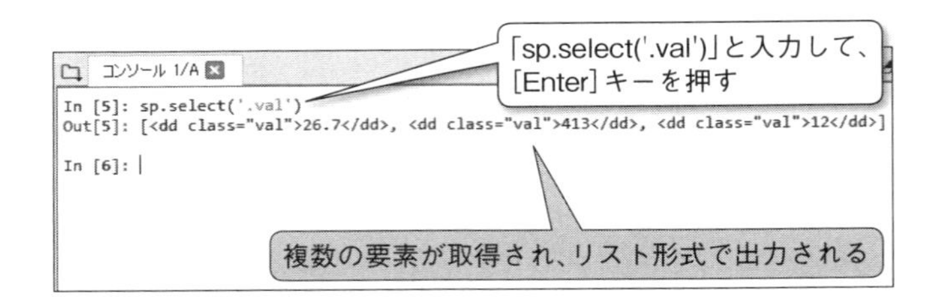

11.1節で調べたとおり、作例２用Webページには、class名「val」のdd要素が3つあるのでした。それら３つの要素がリスト形式で取得されたことになります。

selectメソッドで取得した複数の要素はリストなので、後ろに「[インデックス番号]」を付ければ、個々の要素を取り出せます（リストのインデックス番号を忘れてしまったら、252～254ページでおさらいしてください)。

たとえば先頭の要素なら、インデックス番号に0を指定して次のように記述します。

コード

```
sp.select('.val')[0]
```

IPythonコンソールに入力すると、次のように先頭の要素のみが取り出されるのが確認できます。

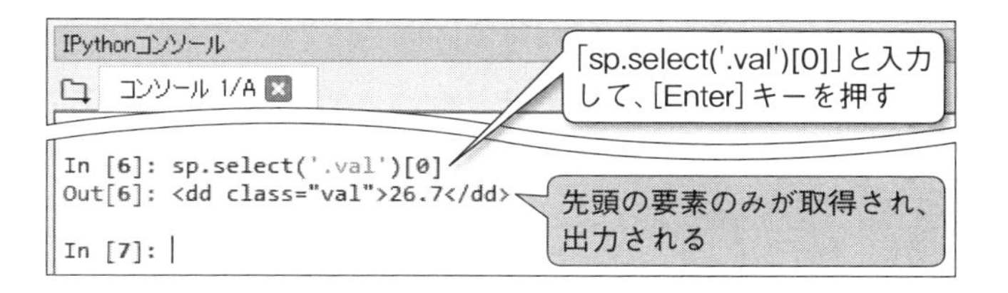

2番目の要素ならインデックス番号に1を、3番目の要素なら2を指定すれば、その要素だけを取り出せます。実際にIPythonコンソールで試してみるとよいでしょう。

そして、取り出した個々の要素にstringプロパティを付ければ、その要素内容を取り出せます。たとえば先頭の要素内容なら次のとおり記述します。

コード

```
sp.select('.val')[0].string
```

IPythonコンソールにて、上記コードを入力して試してください。

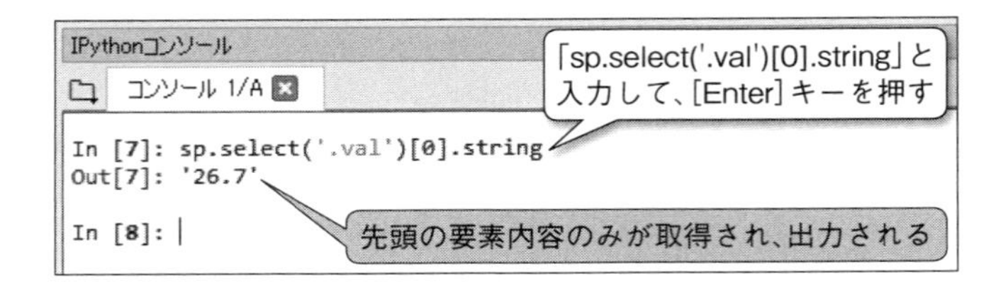

さらに残り2つの要素内容も次の画面のように取り出してみましょう。

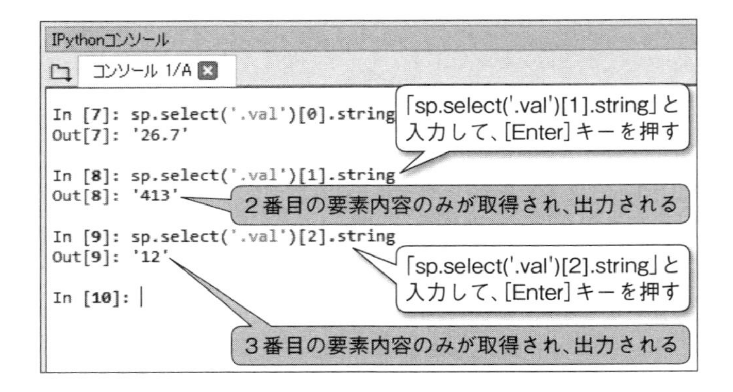

なお、「sp.select('.val')」をいったん何かしらの変数に代入すれば、リストとして扱えるようになります。その変数名＝リスト名に「[インデックス番号]」を付け、さらに「.string」を付けたかたちのコードでも構いません。

また、本節では目的の要素をid名やclass名で取得しましたが、同じselectメソッドを使い、タグ名で取得することも可能です。本書ではid名やclass名で取得することにします。

11.4 取得したデータをCSVに保存する形式に加工しよう

前節では、作例2用Webページに表示されている目的のデータを取得する方法を学びました。本節ではそれを踏まえ、作例2用Webページから目的のデータを取得し、CSVファイルに保存するための形式に加工する処理までを作成します。加工したデータを保存する処理は次節で作成します。

CSVファイルについて

作例2では、目的のWebページから取得したデータは、CSVファイル「mydata.csv」に保存するとします。まずは準備として、本書のダウンロードファイル一式（入手方法は2ページを参照）に含まれる「mydata.csv」を、sample2.pyと同じ階層となるように「bbpy」フォルダーにコピーしておいてください（次ページの図11-4-1）。

CSV*ファイルは、データが「,」（カンマ）と改行で区切られた形式のテキストファイルです。厳密には、データは表の形式となり、列が「,」、行が改行で区切られる構造です。拡張子は「.csv」になります。

テキストエディタやExcelに加え、さまざまなアプリケーションやシステムで扱える形式のファイルです。汎用

*「CSV」は、Comma Separated Valuesの頭文字です。

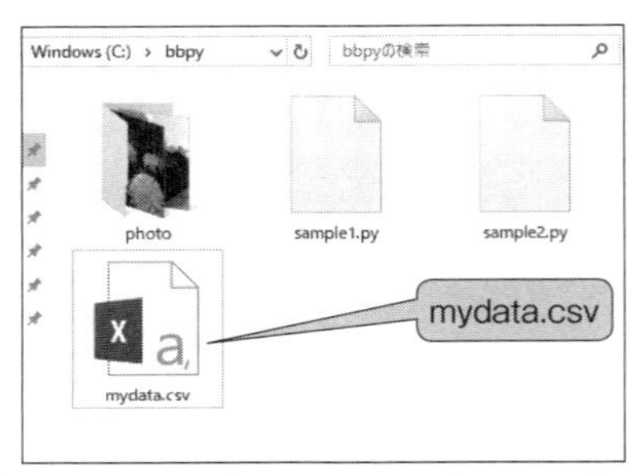

図11-4-1　「mydata.csv」を「bbpy」フォルダーにコピーしておく

性が高いため、さまざまな業務で用いられます。なお、Excelがインストールされているパソコンでは、CSVファイルはExcelのアイコンとして表示されます*。

それでは、CSVファイル「mydata.csv」の状態を確認してみましょう。「mydata.csv」を右クリックし、「プログラムから開く」を選択し、Windows標準のテキストエディタ「メモ帳」で開くと、図11-4-2のように表示されます。

mydata.csvには、あらかじめ見出しのみが入力されています。「日時」、「気温」、「物質A」、「交通量」の4項目

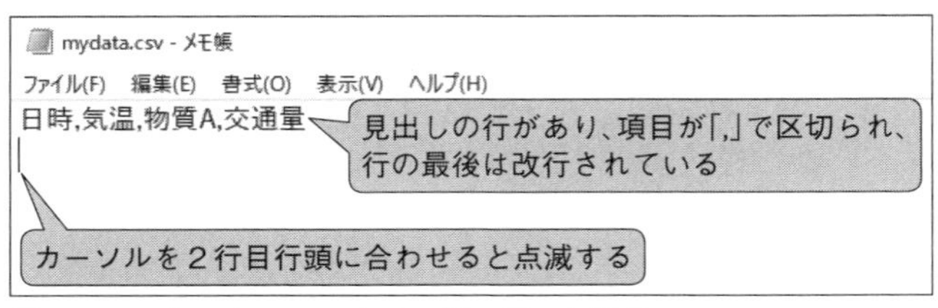

図11-4-2　「mydata.csv」をメモ帳で開いた様子

*Windows 10で拡張子を表示させる設定方法は、26ページで紹介しています。

が「,」で区切られ、行の最後は改行されていることを確認しておきましょう。改行されていれば、2行目行頭にカーソルを移動できるはずです。

これから作成する処理によって、作例2用Webページから取得したデータが、この下の行に、カンマと改行で区切られたかたちで追加されていくことになります。

CSVに追加するデータをリストとして用意

Webページから取得したデータをCSVファイルに追加するには、「csv」モジュールの各種関数を使います。具体的な方法はのちほど解説しますが、追加する処理に使う関数で、追加するデータをリスト形式で用意しなければならないというルールが決められています。

そこで、CSVファイルに追加する処理を作成する前に、追加するデータのリストを作成する処理のコードをsample2.pyに記述していきましょう。目的のリストを作成する方法は何とおりか考えられますが、今回は次の方法を採用することにします。

最初に“空のリスト”を用意

そのリストに、Webページから取得したデータを
要素として追加していく

今回、CSVファイル「mydata.csv」に追加したいのは、**11.1節**であげた下記の4つのデータです。

日時　気温　物質A　交通量

空のリストを用意し、これら4つのデータをリストの要素として追加していくことになります。イメージは図11-4-3のようになります。

空のリストとは、要素がゼロであるリストのことです。空のリストを用意するコードの書式は以下です。

書　式

```
変数名 = []
```

変数に対して、空のリストを意味する「[]」を代入しま

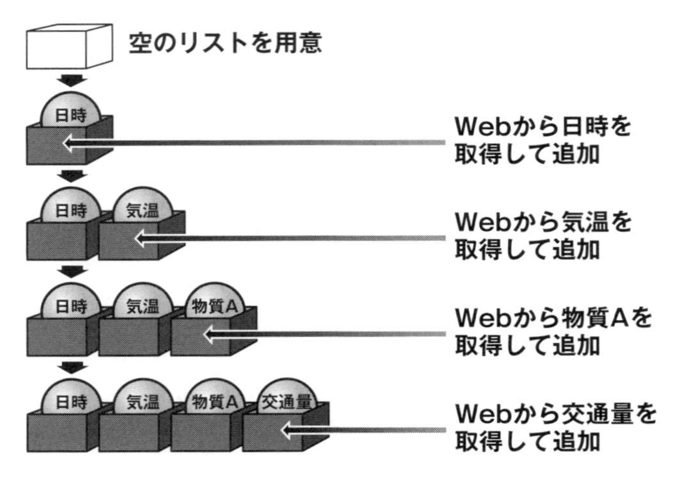

図11-4-3　空のリストを用意し、4つのデータをリストの要素として追加していく

す。これで、その空のリストをその変数名――つまり、リスト名で操作できるようになります。

用意した空のリストに、データを追加するコードの書式は以下です。

書　式

```
リスト名.append(追加する要素)
```

リストのappendメソッドを用います。上記書式の「要素」とは、リストの要素となる数値や文字列などです。**11.1節**で紹介したHTMLの要素（303ページ）ではない点に注意してください。

空のリストに要素を追加する体験をしよう

ここで、空のリストを用意し、appendメソッドで要素を追加する体験をIPythonコンソールでしましょう。リスト名は今回「ary」とします。すると、この名前で空のリストを用意するコードは以下になります。

コード

```
ary = []
```

このコードをIPythonコンソールに入力して実行してください。これで空のリストaryを用意できます。IPythonコンソールに「ary」と入力して出力すると、「[]」とだけ表示され、空であることが確認できます。

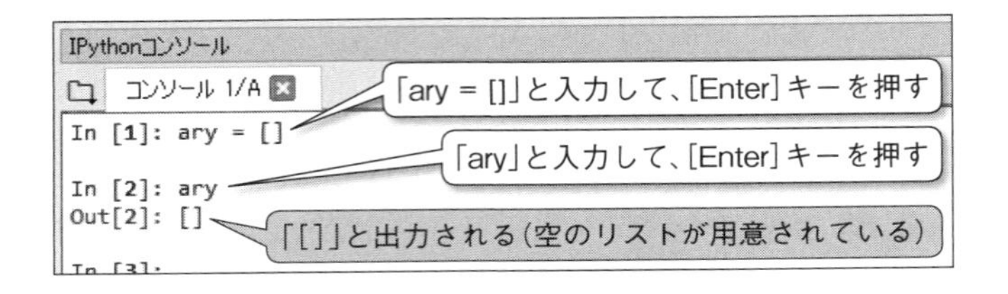

次に、空のリストaryに要素として、文字列「りんご」を追加してみましょう。そのコードは先ほど学んだappendメソッドの書式に従うと以下になります。

コード

```
ary.append('りんご')
```

このコードをIPythonコンソールに入力して実行してください。空のリストaryに要素として文字列「りんご」を追加できることになります。IPythonコンソールに「ary」と入力して出力すると、文字列「りんご」の要素が1つ追加されたことが確認できます。

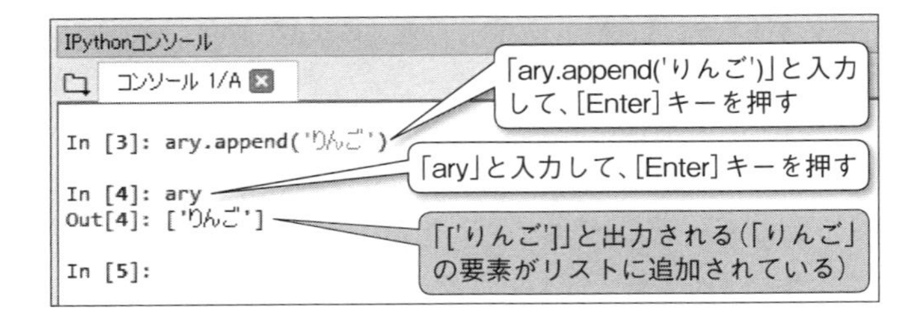

さらに、リストaryに要素として、文字列「みかん」を追加してみましょう。そのコードは以下になります。

コード

```
ary.append('みかん')
```

このコードをIPythonコンソールに入力して実行してください。空のリストaryに要素として文字列「みかん」を追加できることになります。IPythonコンソールに「ary」と入力して出力すると、文字列「みかん」の要素がリストの末尾に追加され、要素が計2つになったことが確認できます。

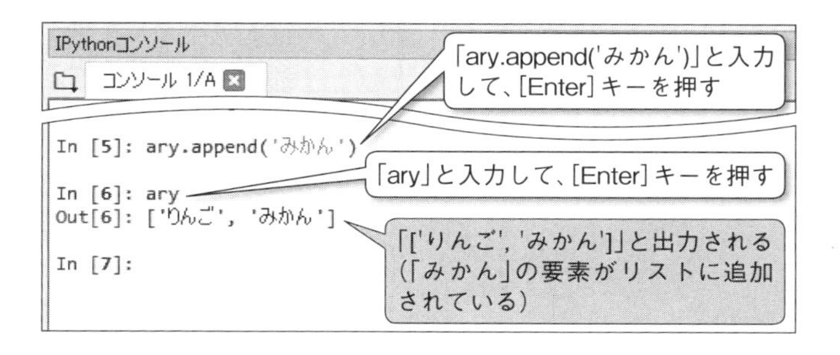

以降もappendメソッドのコードを実行するたびに、リストの末尾に要素が追加されていくことになります。

空のリストを用意し、日付データを追加

それでは、空のリストを用意し、Webページから取得した4つのデータを追加していくコードをsample2.pyに書いていきましょう。今回は、リスト名を「rcd」とします。「rcd」という名前で空のリストを用意するコードは以下になります

コード

```
rcd = []
```

この空のリストrcdに、日付のデータを要素として追加するコードを考えます。先ほどのappendメソッドの書式に従い、リスト名の部分には「rcd」を指定します。日付のデータは前節で学んだとおり「sp.select_one('#date').string」で取得できるのでした。この記述をappendメソッドの引数に指定します。以上をまとめると、コードは以下になります。

コード

```
rcd.append(sp.select_one('#date').string)
```

では、この2つのコードをsample2.pyに追加してください。

コード　変更前

```
 8 import requests
 9 import bs4
10
11 rs = requests.get('http://tatehide.com/bbdata.php')
12 sp = bs4.BeautifulSoup(rs.text.encode(rs.encoding),
   'html.parser')
```

▼

コード　変更後

```
 8 import requests
 9 import bs4
10
11 rs = requests.get('http://tatehide.com/bbdata.php')
12 sp = bs4.BeautifulSoup(rs.text.encode(rs.encoding),
   'html.parser')
13 rcd = []
14 rcd.append(sp.select_one('#date').string)
```

追加

追加できたら、Spyderのツールバーにある▶（[ファイルを実行]）ボタンをクリックして実行してください。

実行できたら、リストrcdに日付のデータが要素として追加されたか、確認してみましょう。IPythonコンソールに「rcd」と入力して［Enter］キーを押し、リストrcdの中身を出力してください。すると、次の画面のように、作例２用Webページから取得した日付データが、リストの１つの要素として、「[」と「]」で囲まれて出力されます。

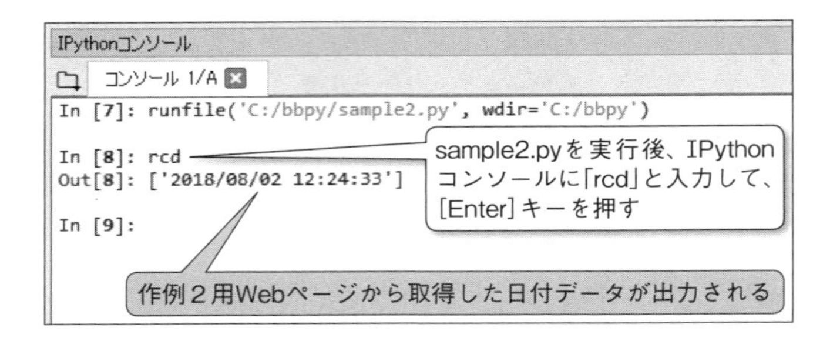

日付データは文字列として取得されるので、リストにも文字列として追加されます。そのため、「'」で囲まれて出力されます。なお、今回sample2.pyを実行したことで、あらためて作例２用Webページに接続して日付データを取得したことになります。そのため、取得する日付データは、前節（326ページ）とは異なるものになります。

残り３つのデータもリストに追加

残り３つのデータ「気温」、「物質A」、「交通量」もリストrcdに追加しましょう。これらのデータのHTMLの要素は前節で学んだとおり、class名「val」を用いる以下のコードでまとめて取得できるのでした。

・気温

コード

```
sp.select('.val')[0].string
```

・物質A

コード

```
sp.select('.val')[1].string
```

・交通量

コード

```
sp.select('.val')[2].string
```

この3つの記述を以下のコードのように、appendメソッドの引数にそのまま指定すれば、意図どおりリストrcdに追加できるでしょう（ただし、以下のコードはsample2.pyに記述しないでください）。

コード

```
rcd.append(sp.select('.val')[0].string)
rcd.append(sp.select('.val')[1].string)
rcd.append(sp.select('.val')[2].string)
```

このコードは決して誤りではありません。ちゃんと意図どおり、リストrcdに各データをリストの要素として追加できます。しかし、もしデータ数が増えたら、同じようなコードを増えたデータ分追記しなければならないなど、機能の追加・変更に対応しやすいコードとは言えません。

そこで、**9.3節**で学んだリストとfor文を組み合わせる方法をここでも使いましょう。書式は以下でした。

書　式

```
for 変数 in リスト名:
    繰り返す処理
```

3つのデータのHTML要素は前節で学んだとおり、「sp.select('.val')」（327ページ）で取得でき、各HTML要素がリストになっているのでした。この「sp.select('.val')」を上記書式の「リスト名」の部分に指定します。すると、繰り返しの中で要素を順に1つずつ変数に自動で代入していきます。

変数に代入した要素はHTMLの要素なので、さらにstringプロパティで要素内容を取り出します。取り出した要素内容が目的のデータであり、appendメソッドでリストrcdに追加すれば、目的の処理を実現できるでしょう（次ページの図11-4-4）。

以上を踏まえ、具体的なコードを考えましょう。今回のfor文で使う変数名は、「elm」とします。for文の中で繰り返す処理は、リストrcdのappendメソッドの引数に、目的のHTML要素の要素内容を指定すればよいのでした。HTML要素は変数elmに代入されるので、変数elmに

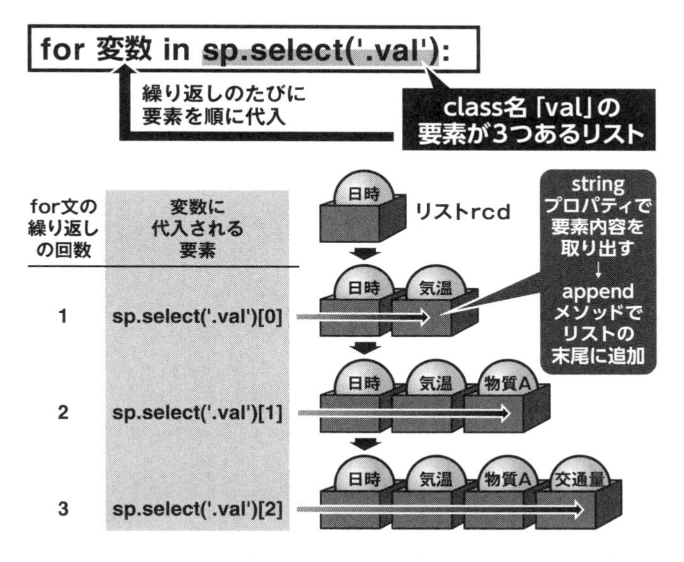

図11-4-4　リストとfor文を組み合わせる方法で、繰り返しの中で要素を順に１つずつ変数に代入していく

stringプロパティを付ければよいことになります。以上を踏まえるとコードは以下になります。

コード

```
for elm in sp.select('.val'):
    rcd.append(elm.string)
```

では、このfor文のコードをsample2.pyに追加してください。見やすさを考慮して、for文の前に空の行を入れることにします。

コード　変更前

```
11 rs = requests.get('http://tatehide.com/bbdata.php')
12 sp = bs4.BeautifulSoup(rs.text.encode(rs.encoding),
   'html.parser')
13 rcd = []
14 rcd.append(sp.select_one('#date').string)
```

▼

コード　変更後

```
11 rs = requests.get('http://tatehide.com/bbdata.php')
12 sp = bs4.BeautifulSoup(rs.text.encode(rs.encoding),
   'html.parser')
13 rcd = []
14 rcd.append(sp.select_one('#date').string)
15
16 for elm in sp.select('.val'):
17     rcd.append(elm.string)
```

（15〜17行目：追加）

追加できたら、Spyderのツールバーにある▶（[ファイルを実行]）ボタンをクリックして実行してください。

実行できたら、リストrcdに日付のデータが要素として追加されたか、確認してみましょう。IPythonコンソールに「rcd」と入力して［Enter］キーを押し、リストrcdの中身を出力してください。すると、次の画面のように、リスト rcdの中身が表示されます。

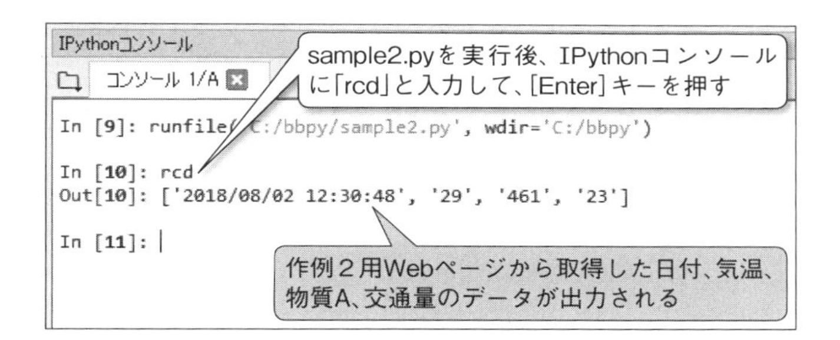

意図どおり、作例２用Webページから取得した日付、気温、物質A、交通量のデータから成るリストが作成されたことが確認できます。

気温、物質A、交通量のデータも、日付と同じく文字列として取得されるので、リストにも文字列として追加され、「'」で囲まれて出力されています。

また、あらためて作例２用Webページに接続して全データを取得したので、取得する日付データは、前項（340ページ）とは異なるものになります。

11.5 データをCSVファイルに追加・保存しよう

本節では、前節にてリスト形式で用意した日付、気温、物質A、交通量のデータを、CSVファイル「mydata.csv」に保存する処理を作成します。

CSVファイルにデータを追加・保存する流れ

リスト形式で用意したデータをCSVファイルに保存する処理は、以下の4ステップと決められています。

【STEP1】 目的のCSVファイルを開く
【STEP2】 データ書き込み用オブジェクトを生成
【STEP3】 データを追加して保存
【STEP4】 CSVファイルを閉じる

以下、各STEPを順に解説していきます。

【STEP1】 目的のCSVファイルを開く

この処理は「open」関数を用いて記述します。open関数は、ファイルを開くための関数です。print関数のように、モジュールの読み込みなしで使える組み込み関数です。基本的な書式は以下です。

書　式

```
open(目的のCSVファイル名, 'a', newline='')
```

第1引数には、目的のCSVファイル名（拡張子も含む）を文字列として指定します。CSVファイルが.pyファイルとは別のフォルダーにあるなら、パス付きで指定します。

第2引数には、文字列「a」を指定します。これはデータを追記する形式（追記モード）でCSVファイルを開くことを指定しています。追記する以外の形式でCSVファイルを開くことについては、作例2では取り扱わないため、紙面の都合で解説を割愛させていただきます。

第3引数には、「newline=''」を指定します（「''」は、「"」1つでなく「'」2つです）。これは、OSに応じて改行コードを出力するための指定です。入門者の方はひとまず「このように指定するもの」と割り切って記述すれば、実用上は問題ありません。

open関数は、戻り値として、開いたファイルの「Fileオブジェクト」を返します。そのFileオブジェクトを以降の処理で用いて、目的のCSVファイルを操作する処理を行います。Fileオブジェクトは通常、変数に代入して用います。また、open関数はファイルをコンピューターの内部的に開きます。そのため、開いたファイルが画面上に表示されることはありません。

今回、Fileオブジェクトを代入する変数は「f」とします。第1引数に指定する目的のCSVファイル「mydata.csv」は、sample2.pyと同じ「bbpy」フォルダーにあるので、パスを付けずに「mydata.csv」を文字列として指定するだけで済みます。以上を踏まえると、【STEP1】「目的のCSVファイルを開く」のコードは以下になります。

コード

```
f = open('mydata.csv', 'a', newline='')
```

【STEP2】 データ書き込み用オブジェクトを生成

この処理には、csvモジュールの「writer」関数を用います。基本的な書式は以下になります。

書式

```
csv.writer(Fileオブジェクト, delimiter=',')
```

第1引数には、目的のCSVファイルのFileオブジェクトを指定します。【STEP1】のopen関数の戻り値として得たFileオブジェクトを指定することになります。

第2引数には、「データの区切りはカンマ」であることを意味する「delimiter=','」を指定します。

writer関数は戻り値として、データ書き込み用オブジェクトである「Writerオブジェクト」を返します。そのWriterオブジェクトを以降の処理で用いて、データの追加・保存を行います。Writerオブジェクトは通常、変数に代入して用います。

今回、Writerオブジェクトを代入する変数は「wrtr」とします。【STEP1】でFileオブジェクトを代入した変数は、fでした。以上を踏まえると、【STEP2】「データ書き込み用オブジェクトを生成する」のコードは以下になります。

コード

```
wrtr = csv.writer(f, delimiter=',')
```

もちろん、csvモジュールを読み込むコード「import csv」も必要になります。

【STEP3】 データを追加して保存

CSVファイルへのデータ書き込みは、Writerオブジェクトの「writerow」メソッドで行います。基本的な書式は以下です。

書 式

```
Writerオブジェクト.writerow(リスト)
```

引数には、書き込みたいデータを要素として代入したリストを指定します。これで各データの間にカンマ、末尾に改行を自動で付加し、CSVファイルに書き込みします。CSVファイルを追記モードで開いていれば、データが末尾に追加で書き込まれ、同時に保存も行われます。

今回はWriterオブジェクトが変数wrtrであり、データはリストrcdとして用意しているので、【STEP3】「データを追加して保存する」のコードは以下になります。

コード

```
wrtr.writerow(rcd)
```

【STEP4】 CSVファイルを閉じる

最初にCSVファイルを開いた（【STEP1】）ので、最後にCSVファイルを閉じる処理が必要です。その処理は、Fileオブジェクトのcloseメソッドで行います。書式は次のとおりです。

書　式

```
Fileオブジェクト.close()
```

今回、Fileオブジェクトは変数fに代入されているので、CSVファイルを閉じるコードは以下になります。

コード

```
f.close()
```

これで【STEP1】から【STEP4】までのコードがわかりました。

CSVに保存する処理を完成させよう

それでは、前項で学んだCSVファイルにデータを追加・保存するコードをsample2.pyに追加しましょう。

追加する【STEP1】から【STEP4】までのコードの前に、見やすさを考慮して空の行を挟むことにします。for文のあとに追加するため、forブロックと判定されないように、字下げのないように注意しましょう。また、CSVモジュールを読み込む「import csv」も忘れずに追加してください。

コード　変更前

```
 9 import bs4
10 
11 rs = requests.get('http://tatehide.com/bbdata.php')
          :
16 for elm in sp.select('.val'):
17     rcd.append(elm.string)
```

▼

コード　変更後

```
 9 import bs4
10 import csv                                      追加
11 
12 rs = requests.get('http://tatehide.com/bbdata.php')
          :
17 for elm in sp.select('.val'):
18     rcd.append(elm.string)
19 
20 f = open('mydata.csv', 'a', newline='')
21 wrtr = csv.writer(f, delimiter=',')             追加
22 wrtr.writerow(rcd)
23 f.close()
```

追加できたら、Spyderのツールバーにある▶（[ファイルを実行]）ボタンをクリックして実行してください。IPythonコンソールには、「runfile(～」（55ページ）と出力されるだけですが、mydata.csvには、作例2用Webページから取得したデータが1行分追加・保存されています。

mydata.csvをメモ帳などで開くと、そのデータが追加されていることが確認できます（図11-5-1）。

以降、sample2.pyを実行するたびに、取得したデータが1行ずつ追加されていきます。メモ帳で開いたmydate.csvを必ず閉じてから、sample2.pyを実行してください。

たとえば、次ページの図11-5-2は計4回実行したあと、mydate.csvをメモ帳で開いたもので、図11-5-3はExcelで開いたものです。「,」と改行で区切られているデータが、表の形式で表示されます。

ここまでで、作例2に必要な機能はひととおり作成できました。このあとは、リスト作成に関連する情報を補足紹介します。

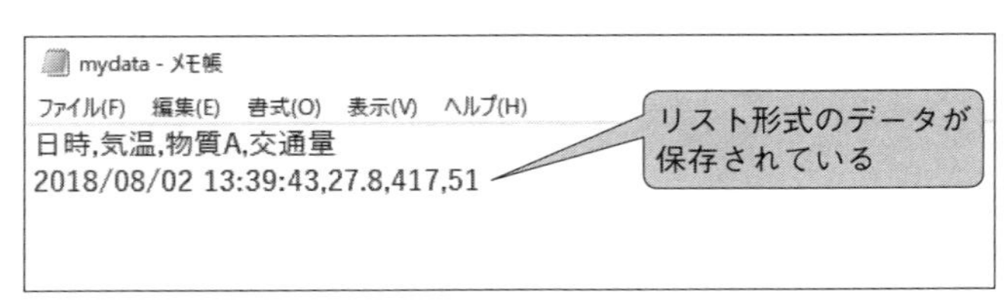

図11-5-1　sample2.pyを1回実行したあと、「mydata.csv」をメモ帳で開いた様子

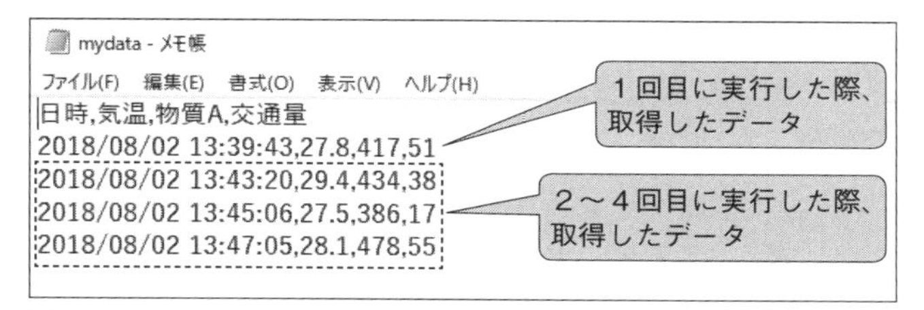

図11-5-2　sample2.pyを計4回実行したあと、「mydata.csv」をメモ帳で開いた様子

	A	B	C	D	E	F	G	H
1	日時	気温	物質A	交通量				
2	2018/8/2 13:39	27.8	417	51				
3	2018/8/2 13:43	29.4	434	38				
4	2018/8/2 13:45	27.5	386	17				
5	2018/8/2 13:47	28.1	478	55				
6								
7								

1回目に実行した際、取得したデータ

2～4回目に実行した際、取得したデータ

図11-5-3　「mydata.csv」をExcelで開いた様子*

appendメソッドの代わりに使える「リスト内包表記」について

本節の最後に、目的のリストをより簡単なコードで作成できる「リスト内包表記」について紹介します。「リスト内包表記」は、1行のコードでリストを作成できる仕組みです。

前節では、要素を追加するコードを記述する際、appendメソッド（335ページ）を用いて、リストとfor文の繰り返しを組み合わせました（343ページ）。「リスト内包表記」を用いると、さらに簡単に記述することができます。基本的な書式は次のとおりです。リストを意味する「[」と「]」の中に、for文があるかたちになります。

*日時の列が「######」と表示される場合、列の幅を広げるとデータが表示されるようになります。

書　式

```
[変数 for 変数 in 集合]
```

たとえば、作例２用Webページから取得したclass名「val」(327ページ）のHTML要素のリストを作成するには、次のように記述します。ここでは、変数名を「elm」としています。

コード

```
[elm for elm in sp.select('.val')]
```

このコードで、「sp.select('.val')」で取得されたHTML要素が、変数elmに順に代入され、それらを要素とするリストが作成されることになります。実際に、このコードをIPythonコンソールに入力して実行すると、次の画面のように出力され、リストが作成されることを確認できます。

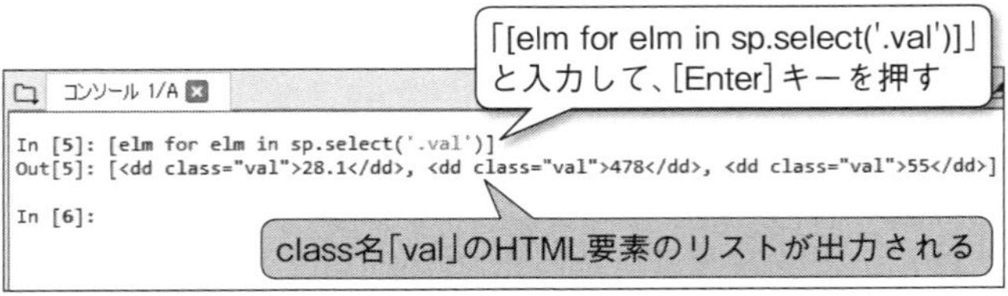

「[elm for elm in sp.select('.val')]」と入力して、[Enter]キーを押す

```
コンソール 1/A
In [5]: [elm for elm in sp.select('.val')]
Out[5]: [<dd class="val">28.1</dd>, <dd class="val">478</dd>, <dd class="val">55</dd>]

In [6]:
```

class名「val」のHTML要素のリストが出力される

さらにリスト内包表記では、変数に何かしらの処理を施してリストを作成できます。

書　式

```
[変数を使った処理 for 変数 in 集合]
```

たとえば、先ほどの例にて、変数elmにstringプロパティを付けて次のように記述することもできます。

コード

```
[elm.string for elm in sp.select('.val')]
```

このコードは、変数elmに順に代入されるHTML要素から、stringプロパティで要素内容を取り出し、それをリスト化します。実際にこのコードをIPythonコンソールで実行すると、次の画面のような結果が得られます。

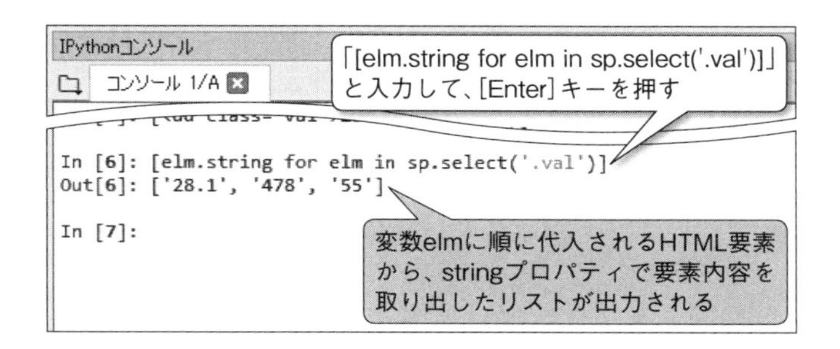

11.6 エラーに対する処理を追加しよう

作例2のプログラムは前節で、機能としてはひととおり完成しました。本節では、何かしらのエラーが発生した際の対処となる機能を追加で作成します。その中で「例外処理」という仕組みについて学びます。

例外処理とは

プログラムを作成するうえで避けなければならないのは、プログラムの異常終了です。プログラムの実行中に、処理手順以外の何らかの原因でエラーが発生し、突然終了してしまうことがしばしばあります。そのようなエラーが発生した際、突然プログラムが異常終了してしまうのではなく、あらかじめ用意しておいたエラー時の処理を実行するように対処しておく必要があります。

そうしたエラーに対処する処理は、専門用語で「例外処理」と呼ばれます。あらゆるプログラムに例外処理は欠かせないものです。

たとえば、本章で作成してきた作例2では、以下のような例外処理が必要だと考えられます。

・インターネット接続のない状態でプログラムを実行したときの対処
・接続先のWebページのサーバー自体がダウンしているときの対処
・CSVファイルにデータを書き込めないときの対処

また、「例外処理」は、４章～10章で作成した作例１でも、本来は必要なものです。たとえば、以下のようなものです。

・画像ファイルの更新日を取得できないときの対処
・画像ファイルの保存先や移動先となるフォルダーが存在しないときの対処

ここであげたのは、ほんの一例に過ぎません。通常は問題なく実行できるプログラムでも、想定していない条件が揃うとエラーとなってしまうケースがあり得るのです。

そのため、一般的にプログラムでは、処理手順以外の要因でエラーが発生しても、プログラムを異常終了させることなく、適切なエラー処理を行うことが求められます。適切なエラー処理とは、たとえばファイル処理におけるエラーなら、エラー発生の原因を示すメッセージを表示するとともに、ファイルを開きっぱなしにせずに閉じるなど、問題が拡大しないようにする対処です。

例外処理の仕組みを用いると、実行中にエラーが発生したとき、処理の途中であっても強制的にエラー時の処理のコードに移って、それを実行することになります（次ページの図11-6-1）。

try文とexcept文で例外処理を作成

Pythonでは例外処理を実装するために、try文および

図11-6-1　例外処理の概念

except文が用意されています。書式は次のとおりです。

書　式

```
try:
    通常時の処理
except 検知したいエラーの種類:
    エラー時の処理
```

「try:」と「except～:」の間に、通常時の処理のコードを記述します。そして、「except～:」以下にエラー時の処理を記述します。もし通常時の処理を実行してエラーを検知したら、処理の途中で「except～:」以下に移動し、エラー時の処理が実行されます。

except文では、どのような種類のエラーを検知するのかを細かく指定することができます。エラーの種類にはそれぞれ名前が決められており、目的のエラーを「except」の後ろに記述します。次項では、エラーの種類の具体例を

２つ解説します。

通信関係の例外処理を追加しよう

それでは、作例２のプログラムに例外処理を追加してみましょう。いくつか想定できるエラーの中から、今回は2つに絞って対処することにします。１つ目は通信関係のエラー、２つ目はCSVファイル関係のエラーです。

まずは１つ目の通信関係のエラーとして、インターネット接続処理（requestsモジュール関係）のエラーへの対処を紹介します。この場合、エラーの種類は「requests.exceptions.RequestException」というものになります。今回、エラー発生時の処理は、print関数を使ってコンソールに「通信でエラー発生」と出力することにします。

ここまでをまとめると、例外処理のコードのイメージは以下になります。

例外処理のコードのイメージ

```
try:
    通常時の処理
except requests.exceptions.RequestException:
    「通信でエラー発生」と出力する処理
```

try文以下に、前節までに作成した通常時の処理が入ります。except文では、エラーの種類としてrequests.

exceptions.RequestExceptionを指定し、かつ、except以下に「通信でエラー発生」と出力する処理が入ることになります。

さらにrequestsモジュールのエラーでは、特例的にデータ取得を失敗した際のエラーは、プログラマが手動で発生させる必要があります。入門者レベルの方は、「そのように決められているので、従えばよい」といった認識で、以下の解説に沿ってコードを追加すれば実用上は問題ありません。

データ取得失敗のエラーを手動で発生させるコードは、Responseオブジェクトのraise_for_statusメソッドを用います。書式は以下です。

書　式

```
Responseオブジェクト.raise_for_status()
```

Responseオブジェクトは今回、変数rsなので、目的のコードは以下になります。このコードをrequests.get関数の処理の下に追加します。

コード

```
rs.raise_for_status()
```

以上を踏まえ、sample2.pyに例外処理を追加しましょう。以下のようにコードを追加・変更してください。

なお、先ほどのtry文の書式の中で「通常時の処理」となる部分は、全体的にインデントの字下げが必要な点に注意してください。インデントの対象となる複数行を選択してから［Tab］キーを押せば、まとめて字下げできます。

コード　変更前

```
10 import csv
11
12 rs = requests.get('http://tatehide.com/bbdata.php')
13 sp = bs4.BeautifulSoup(rs.text.encode(rs.encoding),
   'html.parser')
14 rcd = []
15 rcd.append(sp.select_one('#date').string)
16
17 for elm in sp.select('.val'):
18     rcd.append(elm.string)
19
20 f = open('mydata.csv', 'a', newline='')
21 wrtr = csv.writer(f, delimiter=',')
22 wrtr.writerow(rcd)
23 f.close()
```

実際は改行されていない（1行のコード）

▼

コード　変更後

```
10 import csv
11
```

```
12 try:
13     rs = requests.get('http://tatehide.com/bbdata.php')
14     rs.raise_for_status()
15     sp = bs4.BeautifulSoup(rs.text.encode(rs.encoding),
   'html.parser')
16     rcd = []
17     rcd.append(sp.select_one('#date').string)
18 
19     for elm in sp.select('.val'):
20         rcd.append(elm.string)
21 
22     f = open('mydata.csv', 'a', newline='')
23     wrtr = csv.writer(f, delimiter=',')
24     wrtr.writerow(rcd)
25     f.close()
26 
27 except requests.exceptions.RequestException:
28     print('通信でエラー発生')
```


追加・変更できたら、さっそく実行してみましょう。

今回は、例外処理の結果を確認するため、あえてインターネット接続がない状態にしてから、sample2.pyを実行します。無線LANをオフにするなど、インターネット通信を切断した状態で、Spyderのツールバーにある▶（[ファイルを実行]）ボタンをクリックして実行してください。

すると、エラーが発生して例外処理が実行されます。そして、IPythonコンソールには、「通信でエラー発生」と出力されます。

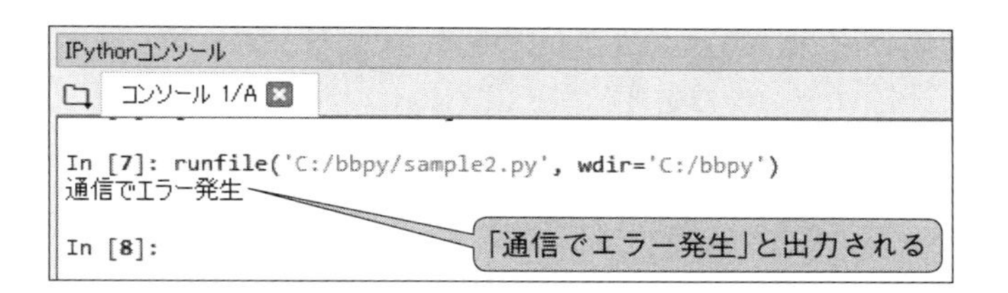

これで、インターネット接続がない状態でsample2.pyを実行してしまっても、プログラムが異常終了することなく、指定したエラー処理を実行できるようになりました。

エラーの詳細も出力するには

例外処理ではさらに、発生したエラーの詳細な情報を取得することができます。その情報をIPythonコンソールなどに出力すれば、原因究明や対策に役立つなどのメリットが得られます。

エラーの詳細な情報を取得するには、以下の書式のとおり、except文に追記します。具体的には、検知したいエラーの種類の後ろに「as」を追加し、それに続けて、エラーの変数を記述します。変数名は任意で構いません。

書　式

```
try:
    通常時の処理
except 検知したいエラーの種類 as エラーの変数:
    エラー時の処理
```

エラー発生時はこの変数を使って、「args」プロパティを用いれば、エラーの詳細な情報が得られます。

今回、エラーの変数は「e」とします。すると、エラーの情報は、argsを付けて「e.args」で得られます。その情報を「通信でエラー発生:」に続けて出力するコードは以下です。

コード

```
print('通信でエラー発生:{}'.format(e.args)
```

「format(e.args)」によってエラーの情報を文字列に整形し、「{}」の部分に当てはめて出力するようなコードとなっています。以上を踏まえ、sample2.pyのexcept文の部分を次のように変更してください。

コード 変更前

```
27 except requests.exceptions.RequestException:
28     print('通信でエラー発生')
```

▼

コード **変更後**

```
27 except requests.exceptions.RequestException as e:
28     print('通信でエラー発生:{}'.format(e.args))
```

追加　追加　追加

インターネット通信を切断した状態でsample2.pyを実行すると、エラーが発生して例外処理が実行され、次のようにIPythonコンソールに「通信でエラー発生:」に続けてエラーの情報が出力されます。

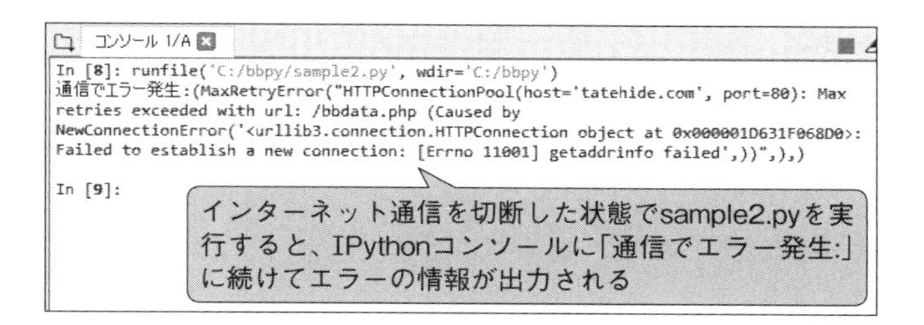

エラーの情報は見てのとおり英語ですが、大まかな内容は以下のようになります。

- 「tatehide.com」のWebサイトに、決められた最大回数だけ接続を試みたが、すべて失敗した
- 「tatehide.com」のWebサイトとの接続ができずに終わった

CSVファイル関係の例外処理も追加

次に、２つ目のエラー対処として、CSVファイル関係の例外処理を追加します。CSVをはじめファイル関係の例外処理もtry文とexcept文で行うのが基本です。加えて、「with」文もあわせて使うのがセオリーです。基本的な書式は次のとおりです。

書　式

```
with open関数でファイルを開く処理 as 変数:
    ファイルの処理
```

「with」の後ろに、open関数でファイルを開く処理のコードを記述します。その後ろに「as」に続けて変数を指定します。すると、開いたファイルのFileオブジェクトがその変数に代入され、以降のファイル処理に使えるようになります。それらのファイル処理はwith文のブロック内に記述します。

with文を使うと、エラー発生しようがしまいが、ファイルが自動で閉じられるようになります。そのため、ファイルの閉じ忘れを確実に防ぐことができます。それゆえ、close関数による「ファイルを閉じるコード」を省略可能になるという副産物も得られます。なお、自動で閉じるのは、Pythonのプログラムにて、open関数で内部的に開いたファイルです。Excelやメモ帳など、他のアプリで実際に開いているファイルは自動で閉じません。

sample2.pyにてCSVファイル「mydata.csv」を処理する4行のコードをwith文を使って書き換えると以下になります。

コード

```
with open('mydata.csv', 'a', newline='') as f:
    wrtr = csv.writer(f, delimiter=',')
    wrtr.writerow(rcd)
```

open関数のコードがwithの後ろに位置します。そして、writerメソッドのコードとwriterowメソッドのコードがwith文のブロックに移動し、かつ、close関数のコードが不要となります。

それでは、with文を用いつつ、CSVファイル関係の例外処理を追加してみましょう。今回検知するエラーの種類は「OSError」のみとします。これは、ファイル関係も含めたOS全般のエラーです。たとえば、CSVファイル「mydata.csv」をExcelで別途開いたまま、作例2のプログラムでデータの書き込みを行おうとすると、書き込み処理が失敗する（Excelで開いているため、書き込み処理が拒否される）エラーなどです。

エラー発生時は、今回IPythonコンソールに、「ファイル処理でエラー発生:」に続け、詳細情報を出力することにします。sample2.pyを以下のように追加・変更してください。コードの末尾には、CSVファイル関係の例外処理用のexcept文が追加されることになります。

コード 変更前

```
12 try:
       :
22     f = open('mydata.csv', 'a', newline='')
23     wrtr = csv.writer(f, delimiter=',')
24     wrtr.writerow(rcd)
25     f.close()
26
27 except requests.exceptions.RequestException as e:
28     print('通信でエラー発生:{}'.format(e.args))
```

▼

コード 変更後

```
12 try:
       :
22     with open('mydata.csv', 'a', newline='') as f:
23         wrtr = csv.writer(f, delimiter=',')
24         wrtr.writerow(rcd)
25
26 except requests.exceptions.RequestException as e:
27     print('通信でエラー発生:{}'.format(e.args))
28 except OSError as e:
29     print('ファイル処理でエラー発生:{}'.format(e.args))
```

これでCSVファイルの書き込み時にエラーが発生した場合、異常終了することなく、指定した例外処理が実行されます。なおかつ、CSVファイルを確実に閉じるようになりました。

たとえば、CSVファイル「mydata.csv」をExcelで開いたまま、作例2のプログラムでmydata.csvを開いてデータの書き込みを行おうとするエラーが発生すると、例外処理が実行されます。IPythonコンソールには「ファイル処理でエラー発生:(13, 'Permission denied')」と出力されます。

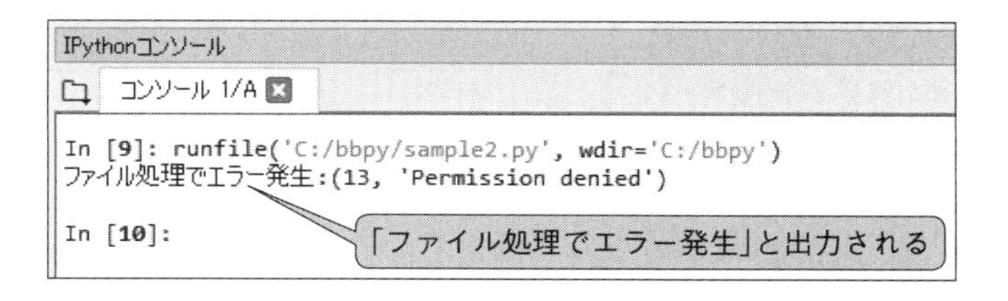

また、open関数で内部的に開いたmydata.csvは自動的に閉じられます。なお、mydata.csvをメモ帳で開いた状態で、プログラムを実行しても、上記のような例外処理は実行されません。これはメモ帳が、ファイルを他のアプリに追記モードで同時に開くことを許可しているからです。Excelは許可していないため、例外処理が実行されます（366ページ末で述べたように、Excelで開いているファイルは閉じられません）。どのアプリがどう許可するのかは、アプリによって異なります。

作例3

ここから作例3の作成が始まります。作例3では、12章で、CSVファイルに保存されているデータを分析するプログラムを作ります。

12章
CSVファイルのデータを分析してみよう

12.1 作例3で行う3つの分析について

本章では作例3として、CSVファイルのデータを分析するプログラムの初歩を学びます。まず本節では、作例3で行う3つの分析について紹介します。

スクレイピングしたデータを用いて分析する

今回は、前章で行ったスクレイピングによってCSVファイル「mydata.csv」に蓄積したデータを分析します。mydata.csvに蓄積したデータのうち、「気温」、「物質A」、「交通量」の3種を用いて分析を行います。

行う分析の内容は、次の3つです。

【分析1】　平均など基本的な統計による8種の分析
【分析2】　データそれぞれの相関係数を求める分析
【分析3】　散布図を使う分析

これらの分析を行うコードを記述し、分析結果を

IPythonコンソールに出力します。以下、それぞれの分析についてもう少し具体的に紹介します。

【分析１】　平均など基本的な統計による８種の分析

「気温」、「物質A」、「交通量」それぞれのデータの平均など、基本的な統計による８種の分析を行います。具体的な分析項目は以下となります。

・データの数

何個のデータがあるのかを示します。

・平均

データの平均値を示します。

・標準偏差

データのバラつき具合を示します。値が大きいほど、データのバラつき具合が大きい、ということになります。

・最小値、最大値

データの最小値、最大値を示します。

・第１四分位数、第２四分位数、第３四分位数

すべてのデータを小さい順に並べて４等分し、最初の1/4に位置するデータを第１四分位数、中央に位置するデータを第２四分位数、3/4に位置するデータを第３四分位数として示します。

分析結果は、IPythonコンソールに、次ページの図12-1-1のような表形式で出力します。なお、前述した分析項目は、英語で表示されます。

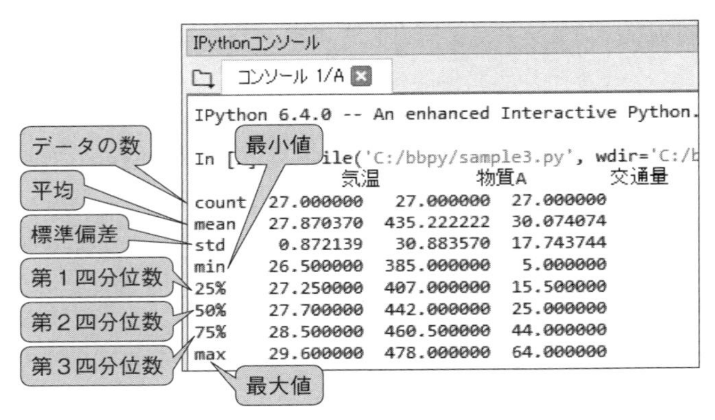

図12-1-1　【分析１】平均など、８種の分析結果をIPythonコンソールに出力

【分析2】　データそれぞれの相関係数を求める分析

統計分析の一種である「相関係数」を求めます。「相関係数」とは、２つのデータの相関を表す尺度のことです。「相関」とは、片方のデータが増えるに従い、もう片方のデータがどれだけ増える（または減る）傾向にあるかということを示します。

相関係数は-1～1の数値で表され、0に近いほど相関関係が弱いことになります。1に近いほど正の相関関係（片方が増えると、もう片方も増える）が強く、-1に近いほど負の相関関係（片方が増えると、もう片方は減る）が強くなります。

たとえば、広告出稿量と売上高の相関係数を求めることで、広告出稿に効果があるかを調べる場合などに利用しま

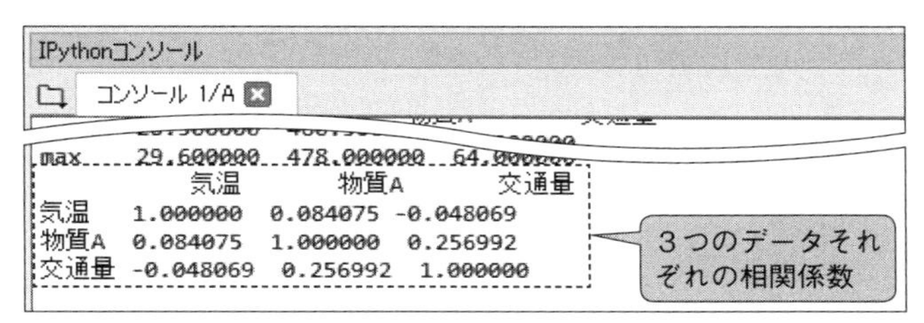

図12-1-2　【分析２】「気温」、「物質A」、「交通量」のデータそれぞれの相関係数をIPythonコンソールに出力

す。

作例３では、「気温」、「物質Ａ」、「交通量」のデータそれぞれの相関係数を、IPythonコンソールに、図12-1-2のような表形式で出力します。なお、同じデータ同士（表の縦軸と横軸が同じデータ）では、相関係数は1になります。実質意味のない分析結果ですが、今回は出力に含めることにします。

【分析３】　散布図を使う分析

指定した２つのデータの散布図を作成します。散布図とは、縦軸に１つのデータ、横軸にもう１つのデータの値があてはまる箇所に点を打つグラフのことです。２つのデータに関係があるかどうかを調べるのに適しています。

作例３では、「気温」と「物質Ａ」のデータを用いて、次ページの図12-1-3のような散布図を作成（IPyhonコンソールに出力）します。「気温」が横軸、「物質Ａ」が縦軸に該当します。

以降、次節では【分析１】と【分析２】のコードを記述

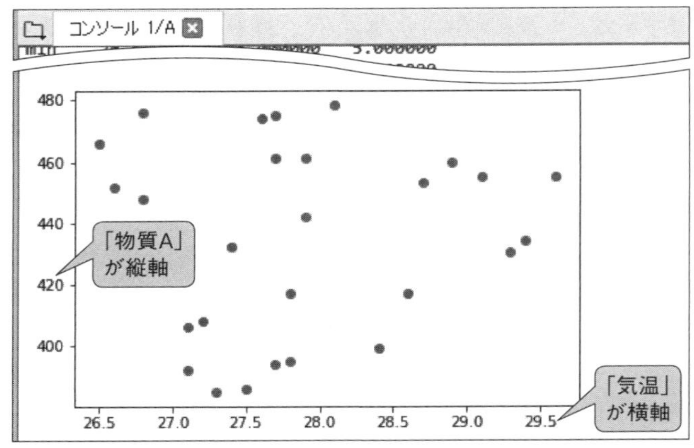

図12-1-3 【分析３】「気温」と「物質A」のデータの散布図をIPythonコンソールに出力

する方法を説明します。【分析３】のコードについては、**12.3節**で説明します。

12.2 基本的な統計による分析と、相関係数を求める分析

本節では、前節で紹介した３つの分析のうち、【分析１】（平均など基本的な統計による８種の分析）と、【分析２】（データそれぞれの相関係数を求める分析）のプログラムを作成します。その中で、Pythonでデータ分析を行う際の決まりごとである「データフレーム」などについて学びます。

分析に使うデータについて

まず、分析に使うデータについて説明します。今回は、前章でスクレイピングによって取得したWebページ上のデータを保存したCSVファイル「mydata.csv」*を使います。**11.5節**で「mydata.csv」にデータを保存している場合、それを本章で使えます。

前章でデータを保存していない場合、作例用ダウンロードファイル一式（2ページで紹介）の中にある「mydata作例3用.csv」というファイル（筆者がスクレイピングしたデータが保存されています）を使えます。こちらを使う際は、ファイル名を「mydata作例3用.csv」から「mydata.csv」に変更して、「bbpy」フォルダー内にコピーしてください。なお、「bbpy」フォルダー内に、もともとお使いの「mydata.csv」がある場合、そのファイルを別のフォルダーに退避させておくほうが無難です。

本書では、「mydata.csv」に保存されているデータが、図12-2-1のようになっている場合で説明します。

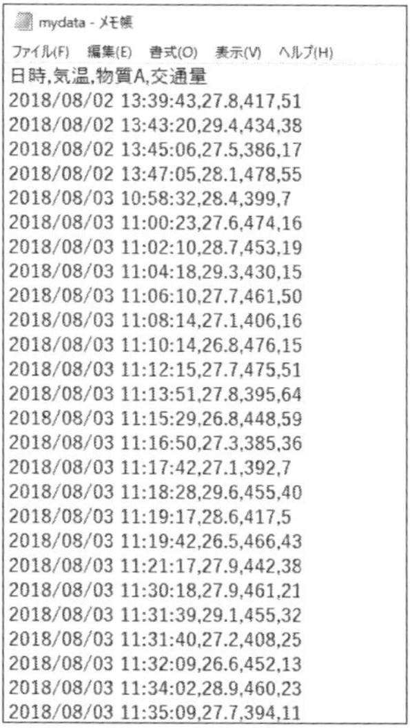

```
mydata - メモ帳
ファイル(F)　編集(E)　書式(O)　表示(V)　ヘルプ(H)
日時,気温,物質A,交通量
2018/08/02 13:39:43,27.8,417,51
2018/08/02 13:43:20,29.4,434,38
2018/08/02 13:45:06,27.5,386,17
2018/08/02 13:47:05,28.1,478,55
2018/08/03 10:58:32,28.4,399,7
2018/08/03 11:00:23,27.6,474,16
2018/08/03 11:02:10,28.7,453,19
2018/08/03 11:04:18,29.3,430,15
2018/08/03 11:06:10,27.7,461,50
2018/08/03 11:08:14,27.1,406,16
2018/08/03 11:10:14,26.8,476,15
2018/08/03 11:12:15,27.7,475,51
2018/08/03 11:13:51,27.8,395,64
2018/08/03 11:15:29,26.8,448,59
2018/08/03 11:16:50,27.3,385,36
2018/08/03 11:17:42,27.1,392,7
2018/08/03 11:18:28,29.6,455,40
2018/08/03 11:19:17,28.6,417,5
2018/08/03 11:19:42,26.5,466,43
2018/08/03 11:21:17,27.9,442,38
2018/08/03 11:30:18,27.9,461,21
2018/08/03 11:31:39,29.1,455,32
2018/08/03 11:31:40,27.2,408,25
2018/08/03 11:32:09,26.6,452,13
2018/08/03 11:34:02,28.9,460,23
2018/08/03 11:35:09,27.7,394,11
```

図12-2-1
本章で使用する「mydata.csv」に保存されているデータをメモ帳で開いた状態

なお、PythonではCSVフ

*分析に使うCSVファイルは、エンコードが「UTF-8」の形式で保存されている必要があります。

ァイル以外のデータでも分析を行えます。本章では、もっとも汎用性の高いCSVファイルを使う場合に絞って説明します。

まずは「データフレーム」を作成する

Pythonでデータ分析を行うには、最初に、分析対象となるデータから、"分析用のデータの集まり"を作成するよう決められています。このデータの集まりのことは、専門用語で「データフレーム」と呼びます。表形式のデータがあり、それに分析用の各種関数が付与されたイメージです（図12-2-2）。

データフレームの作成方法は、分析対象となるデータの形式ごとに何とおりかあります。今回のようにCSVファ

データフレーム

表形式のデータ

日時	気温	物質A	交通量
2018/8/2 13:39	27.8	417	51
2018/8/2 13:43	29.4	434	38
2018/8/2 13:45	27.5	386	17
2018/8/2 13:47	28.1	478	55
2018/8/3 10:58	28.4	399	7
2018/8/3 11:00	27.6	474	16
2018/8/3 11:02	28.7	453	19

分析用の各種関数

関数1
関数2
関数3
⋮

図12-2-2 「データフレーム」は、"分析用のデータの集まり"

イルから作成するには、「pandas」モジュールの「read_csv」関数を用います。「pandas」モジュールには、分析のための多彩な関数が用意されています。

pandas.read_csv関数の書式は次のとおりです。

書　式

```
pandas.read_csv(CSVファイル名)
```

引数には、分析対象のデータとなるCSVファイル名を文字列として指定します。今回分析対象のデータとなるmydata.csvは、.pyファイルと同じ「bbpy」フォルダー内にあるので、引数にはパスなしで「'mydata.csv'」と指定すればよいことになります。.pyファイルと別の場所にある場合は、パス付きで指定します。

作成されるデータフレームは、pandas.read_csv関数の戻り値として得られます。通常は戻り値を変数に代入し、その変数をデータフレームとして以降の処理に用います。今回は、その変数名を「df」とします。

では、ここまでのコードをSpyderで記述してみましょう。まずは、ツールバーにある（[新規ファイル]）ボタンをクリックし、新規ファイルを作成します。

その後、行番号8から以下で紹介するコードを記述してください。pandasモジュールを読み込むimport文も忘れずに記述しましょう。なお、「read_csv」の「_」（アンダースコア）を入力するには、[Shift] キー＋ [\] キーを押します。[\] キーは、ほとんどのキーボードの場合、右下の［Shift］キーのすぐ左隣にあります。

コード

```
8 import pandas
9
10 df = pandas.read_csv('mydata.csv')
```

記述できたら、Spyderのツールバーにある（「保存」）ボタンをクリックして、「sample3.py」という名前で「bbpy」フォルダー内に保存してください。

ここまでで、データフレームを変数dfとして作成できたことになります。

【分析1】を行うコードを追加する

今度は、【分析1】（平均など基本的な統計による8種の分析）の処理を作成しましょう。前節で紹介したように、【分析1】では平均など8種類の分析を行いますが、それらは「describe」関数でひとまとめに行えます。

describe関数は、前項のコードで作成したデータフレームの関数のひとつという位置づけになります。書式は次のとおりです。

書式

```
データフレーム.describe()
```

describe関数を引数なしで指定するだけです。このコードで処理できるのは分析のみですので、分析結果をIPythonコンソールに表示するには、print関数を用いる必要があります。そこで「データフレーム.describe()」のコードを、丸ごとprint関数の引数に指定します。

前項で記述したコードによって、データフレームは変数dfに代入されるようになっています。【分析1】を行うコードは以下になります。

コード

```
print(df.describe())
```

それでは、このコードをsample3.pyの最終行に追加してください。データフレームを作成するコードに続けて行う処理なので、今回は1行空けないことにします。

コード 変更前

```
8 import pandas
9
10 df = pandas.read_csv('mydata.csv')
```

▼

コード 変更後

```
8 import pandas
9
10 df = pandas.read_csv('mydata.csv')
```

```
11 print(df.describe())
```
追加

追加できたら実行してみましょう。Spyderのツールバーにある▶（[ファイルを実行]）ボタンをクリックすると、IPythonコンソールに分析結果が出力されます*。

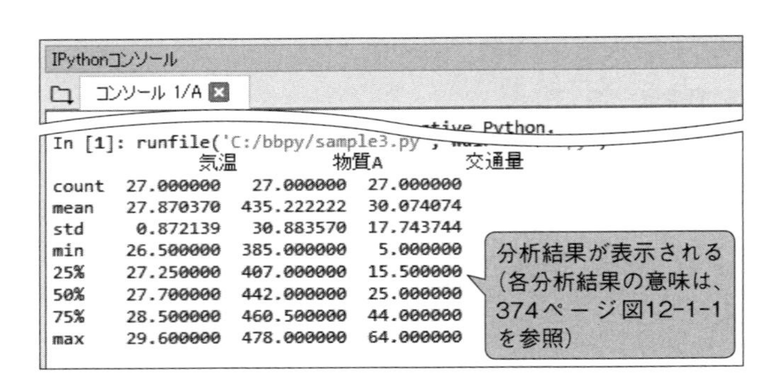

上記の分析結果は、377ページの図12-2-1にて示したデータを利用したものです。みなさんの分析結果は、これとは異なるものになるでしょう。

なお、分析対象であるmydata.csvの１列目に並ぶ日時のデータ（次ページの図12-2-3）は、分析結果に含まれていません。その理由は、describe関数は、分析対象の中にある数値データのみを分析するからです。日時のデータは文字列データなので、分析対象から自動で除外されます。日時のデータ以外でも、文字列データは分析の対象外です。

なお、厳密に言えば、データフレームはオブジェクトで

*分析に使うCSVファイルのエンコードが「UTF-8」以外になっていると、エラーが出力されます。

す。分析用の各関数はメソッドになります。

【分析２】を行うコードを追加する

次に、【分析２】（データそれぞれの相関係数を求める分析）の処理を作成しましょう。相関係数は、データフレームの「corr」関数で求められます。書式は次のとおりです。

日時のデータ

```
日時,気温,物質A,交通量
2018/08/02 13:39:43,27.8,417,51
2018/08/02 13:43:20,29.4,434,38
2018/08/02 13:45:06,27.5,386,17
2018/08/02 13:47:05,28.1,478,55
2018/08/03 10:58:32,28.4,399,7
2018/08/03 11:00:23,27.6,474,16
2018/08/03 11:02:10,28.7,453,19
2018/08/03 11:04:18,29.3,430,15
2018/08/03 11:06:10,27.7,461,50
2018/08/03 11:08:14,27.1,406,16
2018/08/03 11:10:14,26.8,476,15
2018/08/03 11:12:15,27.7,475,51
2018/08/03 11:13:51,27.8,395,64
```

図12-2-3
「mydata.csv」の１列目に並ぶ日時（年月日と時、分、秒）のデータは自動的に分析から除外される

書　式

```
データフレーム.corr()
```

corr関数を引数なしで指定します。分析結果をIPythonコンソールに表示するため、「データフレーム．corr()」のコードを、丸ごとprint関数の引数に指定します。データフレームは変数dfに代入されているので、【分析２】のコードは以下になります。

コード

```
print(df.corr())
```

それでは、このコードをsample3.pyの最終行に追加してください。

コード 変更前

```
8  import pandas
9
10 df = pandas.read_csv('mydata.csv')
11 print(df.describe())
```

▼

コード 変更後

```
8  import pandas
9
10 df = pandas.read_csv('mydata.csv')
11 print(df.describe())
12 print(df.corr())
```

追加

Spyderのツールバーにある▶（[ファイルを実行]）ボタンをクリックして実行してください。すると、次の画面のように、相関係数が表のかたちで出力されます（【分析1】のコードも実行されるので、【分析2】の前に【分析1】の結果も再度出力されることになります）。

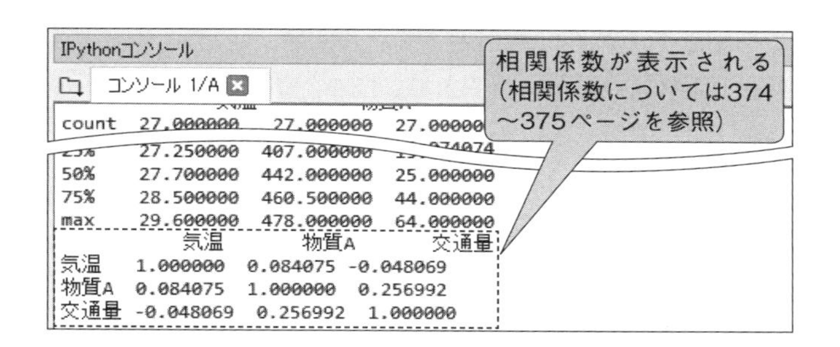

pandasモジュールで使える主なデータ分析の関数

pandasモジュールには他にも、データ分析のための関数がいくつか用意されています。以下の表に、代表的なものを示します。

関数名	分析
var	分散
median	中央値
value_counts	値の頻度
pivot_table	クロス集計

12.3 散布図を描画する

本節では、**12.1節**で紹介した３つの分析のうち、【分析3】（散布図を使う分析）のプログラムを作成します。

散布図を作成するには

散布図の作成には、「matplotlib.pyplot」モジュールの「scatter」関数を使います。matplotlibモジュールは、グラフ描画専用のモジュールです。実際にグラフを描画する際に用いる関数は、matplotlibモジュールに含まれるpyplotモジュールに用意されています。

書式は次のとおりです。

書 式

```
matplotlib.pyplot.scatter(列1, 列2)
```

2つの引数には、散布図にしたいデータが入っている、データフレームの列を指定します。データフレームの作成については、前節で説明しました。データフレームから、指定した列を取り出す書式は次のとおりです。

書 式

```
データフレーム[列名]
```

「[ ]」の中には、目的の列名を文字列として指定します。「列名」は、表形式になっているデータフレームの列見出しの部分（今回の場合、数値データである「気温」「物質A」「交通量」のいずれか）です。データフレームは、前節同様変数dfに代入されています。

たとえば、列「気温」を取り出すコードは以下になります（IPythonコンソールに入力すると、列「気温」のデータが出力されます*)。

コード

```
df['気温']
```

同様に、列「物質A」を取り出すコードは「df['物質A']」になります。以上を踏まえると、「気温」と「物質A」の散布図を作成する場合、コードは以下になります。

コード

```
matplotlib.pyplot.scatter(df['気温'], df['物質A'])
```

作成した散布図を描画

前項のコードで散布図は作成されることになります。しかし、WindowsのAnacondaなど、一部の環境を除き、前項のコードだけでは、散布図はIPythonコンソールには描画されません。

散布図を描画するには、matplotlib.pyplot.show関数を使います。書式は以下のとおりです。

書　式

```
matplotlib.pyplot.show()
```

引数はありません。この書式のままのコードを記述すればよいことになります。

*先にmatplotlibをimport文で読み込んでおく必要があります。

それでは、散布図を作成するコード（前項）と描画するコード（本項）を、sample3.pyに追加しましょう。matplotlibモジュールを読み込むimport文も忘れずに記述します。

コード　変更前

```
8  import pandas
9
10 df = pandas.read_csv('mydata.csv')
11 print(df.describe())
12 print(df.corr())
```

▼

コード　変更後

```
8  import pandas
9  import matplotlib
10
11 df = pandas.read_csv('mydata.csv')
12 print(df.describe())
13 print(df.corr())
14 matplotlib.pyplot.scatter(df['気温'], df['物質A'])
15 matplotlib.pyplot.show()
```

（9行目、14・15行目：追加）

Spyderのツールバーにある▶（[ファイルを実行]）ボタンをクリックして実行してください。すると、次の画面のように、散布図が作成（IPythonコンソールに出力）されます（【分析1】と【分析2】のコードも実行されるので、散布図の前に【分析1】と【分析2】の結果も再度出力されることになります）。

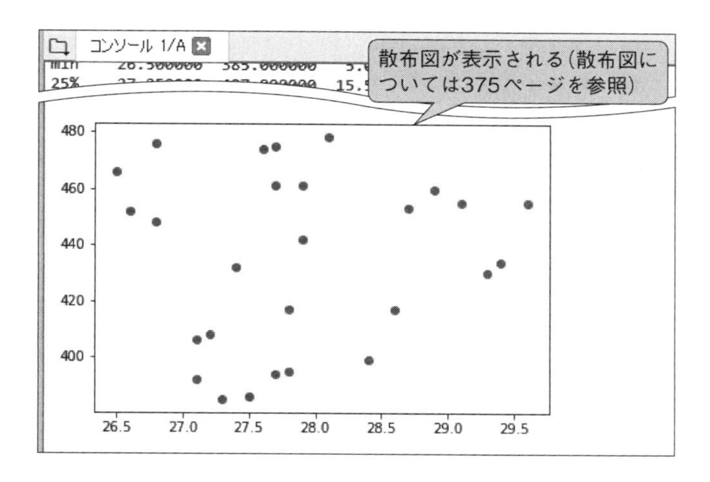

これで作例3の機能はひととおり作成できました。ちょっとした統計分析やグラフ描画が、少ないコードで手軽にできることを実感していただけたのではないでしょうか？

12.4 モジュールの記述を簡略化しよう

本節では、前節までで機能が完成した作例3を例にして、機能はそのままに、モジュールを記述する手間を減らし、コードの見やすさを向上させる方法を紹介します。

モジュールには、前節で使ったmatplotlib.pyplotのように名前が長いものがあります。モジュール名が長いと入力が手間ですし、その行全体が長くなりコードが読みにくくなります。そういったケースには、本節で紹介する方法でモジュールの記述を簡略化するとよいでしょう。

matplotlib.pyplotの記述を簡略化

前節使ったmatplotlib.pyplotというモジュール名は、現時点で作例3の中で2回記述しています。コード入力の補完機能（85ページ）を使えば入力の手間はそれほどではないかもしれません。しかし、matplotlib.pyplotを記述する行は、長めになるため、少し読みにくいでしょう。

こうした長いモジュール名は、モジュールを読み込むimport文で「as」というキーワードを使うことで、モジュール名の記述を簡略化することができます。

書式は次のとおりです。

書　式

```
import モジュール名 as 名前
```

「as」の後ろに簡略化の名前を指定します。名前は任意のものを使えますが、元のモジュール名を推測しやすいものにするのがよいでしょう。なお、「as」は、英語では「～として」といった意味で使われますから、「元のモジュール名を簡略化後の名前とする」ということになります。また、importの後には、階層構造のモジュールを記述することもできます。たとえば、「matplotlib.pyplot」を記述できます。

今回は、簡略化後の名前を「plt」とします。すると、import文は下記になります。

コード

```
import matplotlib.pyplot as plt
```

これ以降、matplotlib.pyplotを記述する際は、pltと簡略化して記述できるようになります。そこで、行番号14と15にある「matplotlib.pyplot」を「plt」に書き換えます。

コード 変更前

```
8  import pandas
9  import matplotlib
10
11 df = pandas.read_csv('mydata.csv')
12 print(df.describe())
13 print(df.corr())
14 matplotlib.pyplot.scatter(df['気温'], df['物質A'])
15 matplotlib.pyplot.show()
```

▼

コード 変更後

```
8 import pandas
9 import matplotlib.pyplot as plt
10
11 df = pandas.read_csv('mydata.csv')
12 print(df.describe())
13 print(df.corr())
14 plt.scatter(df['気温'], df['物質A'])
15 plt.show()
```

追加
変更
変更

Spyderのツールバーにある▶（[ファイルを実行]）ボタンをクリックして実行してください。すると、前節と同じ結果が得られます。作例3の機能は変えずに、コードを簡略化できていることになります。

pandasの記述も簡略化

もうひとつのモジュール名pandasについても、前項と同様に簡略化してみましょう。今回は、簡略化後の名前を「pd」とします。

コード

```
import pandas as pd
```

上記のコードで、実際にsample3.pyを書き換えてみましょう。

コード 変更前

```
8 import pandas
9 import matplotlib.pyplot as plt
10
11 df = pandas.read_csv('mydata.csv')
12 print(df.describe())
```

▼

コード 変更後

```
8 import pandas as pd
9 import matplotlib.pyplot as plt
10
11 df = pd.read_csv('mydata.csv')
12 print(df.describe())
```


Spyderのツールバーにある▶（[ファイルを実行]）ボタンをクリックして実行してください。すると、今回も前節と同じ結果が得られます。

作例3程度の長さのプログラムだと、使われているモジュールが少なく、簡略化のメリットを十分実感しにくかったかもしれません。同じモジュールの記述が数多く登場するプログラムだと、かなりのメリットを得られることを覚えておくとよいでしょう。

おわりに

本書を最後まで読み通し、実際に手を動かしてコードを記述し、3つの作例を作り上げたことで、読者のみなさんはPythonの基礎をある程度マスターできたことになります。今後は本書以外のPythonの解説書などで勉強を続け、さまざまなプログラムを作成するとよいでしょう。

本書に登場しなかった関数や構文などが出てきても、心配はいりません。本書でPythonの基礎を身に付け、慣れたみなさんには、新しい内容でも自分の血肉にできる土台が固まっているからです。

重要なのは「実際にコードを記述しては動作確認する」という作業を繰り返すことです。それによってPythonへの理解がいっそう深まっていき、思い描くとおりの処理を実行するコードを記述できるようになります。プログラミングの上達を目指して、小さな努力を積み重ねていきましょう。その際、初めて使う関数や構文などは、本書作例の作成のように、IPythonコンソールで試してから使うと効率的です。

Pythonの需要は大きくなる一方です。さまざまなパソコンの作業の自動化にPythonを役立てましょう。読者のみなさんがPythonを使いこなしていくための第一歩を踏み出すことに、本書が少しでも手助けになれば幸いです。

2018年9月　立山秀利

さくいん

【P、R】

【S、T】

【U、W】

【関数名】

【あ行】

【ま行】

【や行】

【ら行】

N.D.C.549　398p　18cm

ブルーバックス　B-2072

入門者のPython（にゅうもんしゃのパイソン）
プログラムを作りながら基本を学ぶ

2018年9月20日　第1刷発行
2023年4月12日　第7刷発行

著者　立山秀利（たてやまひでとし）
発行者　鈴木章一
発行所　株式会社講談社
〒112-8001 東京都文京区音羽2-12-21
電話　出版　03-5395-3524
販売　03-5395-4415
業務　03-5395-3615
印刷所　（本文印刷）株式会社ＫＰＳプロダクツ
（カバー表紙印刷）信毎書籍印刷株式会社
本文データ制作　ブルーバックス
製本所　株式会社国宝社

ISBN978－4－06－513163－3

発刊のことば

科学をあなたのポケットに

二十世紀最大の特色は、それが科学時代であるということです。科学は日に日に進歩を続け、止まるところを知りません。ひと昔前の夢物語もどんどん現実化しており、今やわれわれの生活のすべてが、科学によってゆり動かされているといっても過言ではないでしょう。

そのような背景を考えれば、学者や学生はもちろん、産業人も、セールスマンも、ジャーナリストも、家庭の主婦も、みんなが科学を知らなければ、時代の流れに逆らうことになるでしょう。

ブルーバックス発刊の意義と必然性はそこにあります。このシリーズは、読む人に科学的に物を考える習慣と、科学的に物を見る目を養っていただくことを最大の目標にしています。そのためには、単に原理や法則の解説に終始するのではなくて、政治や経済など、社会科学や人文科学にも関連させて、広い視野から問題を追究していきます。科学はむずかしいという先入観を改める表現と構成、それも類書にないブルーバックスの特色であると信じます。

一九六三年九月　　野間省一